我走路带风

世界需要更好的你

我走路带风 著

北京联合出版公司
Beijing United Publishing Co.,Ltd.

我希望你活得像你自己，

活得顺应你的本心。

晚安，记得我爱你。

我们都是有故事的人

Hi，很开心认识你。

我是带风，97年摩羯座，身高170cm，体重打死都不说。

小时候正事不干一点儿，长大以后还是不干正事儿。每天写写文章，听听你们的故事，就很开心。大概我小时候是一个叛逆少女，现在是一个叛逆老干部。

"我走路带风"是今年三月份我迷迷糊糊注册的，当时只想有个地方写点东西。后来在这里遇到了很多好朋友，发现原来世界上有这么多很酷的人。

　　大概是太早熟了，总是喜欢大多数人不认同的东西。初一有了第一个纹身，到现在身上大大小小的纹身已经有八个。在学校里抽过烟打过架谈过恋爱，不过学习一直还好，现在在青岛某一本大学读大二。

　　现在才发现，原来我已经写了很多很多文字了。

　　最初觉得自己写的东西很差劲，其实现在也很糟糕。不过只要它们能打动你，能在你难过时给你一点安慰，能在你孤独时给你一点温暖，能在你迷茫时给你一点指引，就足够了，不是吗?

　　其实我想，每一个找到我的人，都是有故事的人。
　　只不过故事实在是太多了，怎么说也说不完，索性憋在心里。
　　如果你憋不住了，就把故事讲给我听。希望你能在这本书里，找到自己的故事。

好多人说，谢谢我每天写文字陪着她们。

其实我觉得，更多是你们在陪伴我。

每晚九点半，就像是大家心里一个默契的约定。

小时候很讨厌写作文，长大后发现自己离不开文字。

大概是因为文字是我和你之间的桥梁，把原本陌生的两颗心连在一起。

《世界需要更好的你》这名字看似普通，却是我最想对你说的话。

无论爱情、友情、亲情，我希望我们都能变成更好的人。成长的路注定是坎坷的，但来都来了，总该把背叛、孤独、难过、痛苦和绝望都体验一遍再走吧。不然，多无趣啊。

生命不是一场背负着汹涌情欲和罪恶感的漫无尽头的放逐，而是一场又一场浴火重生的考验。我们在痛苦中变得更强，在挫折中学会成长。不过无所谓了，谁的青春不迷茫，谁又没爱过人渣？只

不过，愿我们经历过痛楚而又美好的青春过后，都能平静生活，都
能变成更好的自己。

　　谢谢你找到我，谢谢你留下来。
　　我是带风，我就在这儿，陪着你。

2016年11月　北京

目录 c o n t e n t s

Chapter 1

在走肾的时代遇到走心的人

Chapter 2

我买得起爱马仕，却买不起爱情

目录 c o n t e n t s

Chapter 3

你不爱我的时候，我走路带风

Chapter 4

要是来日方长，谢谢你能懂我

目录 c o n t e n t s

Chapter 5

世界需要更好的你

世　界　需　要　更　好　的　你

Chapter　6

希望这个世界，对女孩子的恶意少一点

在走肾的时代
遇到走心的人

别害怕，别失去信心，
我们每个人都会在这个走肾的时代
遇到走心的人。

我没钱，
但我可以养你啊

某天看微博，偶然又看到了《喜剧之王》里周星驰和张柏芝的那段经典对白：

去哪里啊？

回家。

然后呢？

上班。

不上班行不行？

不上班你养我啊？

我养你啊。

有很多女孩子说，最美的情话除了"我爱你"，就是那句"我养你啊"。有人说女人只知道让男人养，不知道自己挣钱。也有人说女人永远都不能独立，必须要依附男人。他们觉得女孩子喜欢听男人说"我养你啊"，是因为她们喜欢男人的钱。

可他们不懂，女孩想要的不是男人拿来养她的钱，而是男人养她的决心。

与其说，我养你啊，不如说，我对你下半生负责。

每次听到有人说"我养你啊"，就会想起木头和他女朋友的故事。木头这个人和他的名字一样，特木。木头大学毕业以后在一家小公司上班，不会察言观色，只知道埋头工作，每个月领着三千块的薪水。木头的女朋友还没毕业，课余时间做家教挣些小钱。两人住在城郊的出租屋里，每天都要坐很久的公交车才能到市区。木头的女朋友是孤儿，木头家境也不算好，女朋友很懂事，从不让木头向家里人要钱。

我们都知道木头和女朋友的经济情况，每次吃饭都抢着结账，从不让木头掏钱。有天木头突然找我们借钱，他把大伙都叫到一起，我们坐着，他站着。他说："我不想麻烦你们，但我真的没有别的办法。娇娇病了，得做个手术，她没有爸妈，我得照顾她。我和家里要了一万，我自己还有五千存款，可还差一万五。你们如果方便的话，能不能借我一点，我马上就涨工资了，一定还你们。"

在座的除了木头有六个人，有两个听完就借口说有事先走了。还有一个朋友，拍着木头的肩膀对他说："你们两个是谈恋爱，不是结婚。你自己什么情况你也知道，真拖上这么一个累赘，你这辈子怎么办？不是我不想借给你，我是觉得你傻，别怪兄弟狠心，这

如果你们还互相爱着，
能坚持就再咬牙坚持一下。

个忙我真帮不了你。"说完也走了。

木头沉默了一会儿，突然瘫坐到沙发上，哭了。他说："我知道我这人特笨，没本事，一辈子都挣不了大钱。娇娇从来没嫌弃过我，她跟着我从来没过过好日子。我知道娇娇能找到比我更好的人照顾她，可我就是不放心。我知道我没钱，但我就是想对她负责，我觉得我一定得养她，不然我会后悔一辈子。"

我和另外两个朋友凑了两万块钱给木头，朋友给他钱的时候说："你别急，不够我们再一起想办法。娇娇不容易，你也不容易，大伙都懂。平时都说你傻，说你木，今天你最男人，真的。"

我没钱，但我可以养你啊。

我不能给你买爱马仕，不能带你去米其林餐厅，但我想尽自己最大的努力，养你。

记得看《睡在我上铺的兄弟》训哥的青梅竹马小镜离开他和一个有钱男人在一起时，我觉得特别沉重。小镜对训哥说，我和她们不一样，我没资本谈情啊爱啊。训哥为了小镜每天拼死拼活的，就为了实现当初的诺言，给她买辆车。他或许想不到，车买了，人也走了。

对一个男人来说，最无能为力的事，就是在最没有物质能力的年纪，遇到了最想照顾一生的人。

对一个女人来说，最遗憾的莫过于，在最好的年纪遇到了等不起的人。

有人对我说过，总有一天会发现，在现实面前，你根本没有能力说爱情。

我从来不这么想。

因为物质分开的人，其实没有那么相爱。我们总想以后要住多大的房子，开多好的车，去多高档的餐厅，穿多贵的衣服。可当我们真正遇见那个想携手走完一生的人时，我们会发现，房子小点没事儿，车子破点也没事儿，吃得不好没事儿，衣服不多也没事儿。我唯一想要的，就是能和你在一起啊。

贪图物质爱慕虚荣的女人是不少，她们不相信真心，只想要金钱和权力。但总有一些姑娘，愿意和你去吃路边摊，愿意和你挤在一张不大的床上，愿意和你过完平淡的一生。

我曾经对我妈妈说："在我有足够的经济能力之前，绝不会结婚。"我看过很多被物质打倒的爱情，我看过很多因缺钱而发生的争执，我害怕有朝一日我也会过上这样的生活。我妈没有反驳我，她只是说："世界上有穷人，也有富翁。可穷和富到底是怎么定义的呢，没人能说明白。我和你爸过了二十年，钱多钱少的日子都过了。以前你爸说，得多赚点钱，让我过得舒服点。我觉得现在这样就挺好，我不想让他赚很多钱，钱这个东西，生不带来，死不带走。总有一天你会明白，当你真正爱上一个人的时候，只要和他在一起，穷一点，富一点，都无所谓。两个人，健健康康高高兴兴地过日子，管它到底是穷是富呢。"

说白了，女孩想听到你说"我养你啊"，不是想你挣多少钱让她过上多好的生活。她们想要的，不过是你对她负责的态度啊。总说女人要独立，要自强。可说到底，不管她看起来多坚强，内心不还如同一个小女孩吗？大多数女孩子，想要的其实很少，有你的陪伴、你的关心，就足够了。所以，下次有女孩问你：你养我吗？你千万不要以为她们嫌弃你没钱，她们想要的是你下定决心鼓起勇气说的那句：我养你啊。

我有一个哥哥，前两年开公司赚了不少钱，嫂子跟着他吃得好穿得好。可公司倒闭了，他也背了一身债，可能好多年都还不完。他不想让嫂子跟着他受委屈，就递给她一份离婚协议书。但后来两人没有离婚，这个哥哥拼命赚钱，把欠的钱都还清了，还赚了不少。有次吃饭的时候我们开玩笑问嫂子，当初怎么不和他离婚。她笑了笑没说话。哥哥说，那天晚上嫂子抱着他的腿不让他走，一边哭一边说：以前都是你养我，现在换我挣钱养你行不行？哥哥说他这辈子绝对不会让一个女人养他。嫂子又说：那你继续养我行吗？养我很便宜的，花不了你多少钱。

你没钱没事儿，我养你。

你不让我养你也没事儿，那你养我，养我很便宜的。

　　经常有人问我：另一半没钱，也没能力，该不该分手？

　　其实啊，真正相爱的人，不会因为没钱分手的。你觉得过不下去了，你就分。但如果你们还互相爱着，能坚持就再咬牙坚持一下。你说你在最没有能力的时候遇到了最想照顾一生的人，那就让自己变得有能力啊，既然都遇到了，就别轻易放手了。

　　没钱没关系，一定要有一起走下去的决心。

　　别等到你有能力以后，才发现再也找不到想照顾一辈子的人了。

别害怕，
我们都会在走肾的时代遇到走心的人

你有没有遇到过一个让你重新鼓起勇气相信爱情的人？如果遇到了，记得一定不要把他弄丢。如果还没遇到，别着急，我们都会在走肾的时代遇到走心的人。

昨天有人对我说，莫名其妙在一起的恋人就一定会莫名其妙地分开。遇到动心的人很容易，但得到安全感很难。是啊，在这个上了床都没结果的年代，想要的却是牵了手就是一辈子的爱情。越来越多的人觉得，既然付出感情就会受到伤害，不如从此逢场作戏，不谈真心。身边的人来了又走，唯一不变的是钱包里的冈本 001。每天喝得烂醉，笑着问别人要不要跟我走，第二天赤裸醒来只是朋友。

遇到心动的人，有的人睡过之后就分手，有的人却想坚持到最后。要怎么说，怎么做，都是你自己的事。你可以喝陌生人的酒，也可以跟陌生人走，但你要想清楚，放纵是你自己的事，但你不能堕落一辈子。

娃娃有过很多男朋友，有人真心对她她没珍惜，也有人只想和她风花雪月不谈明天。每次她谈恋爱，我们都替她捏把汗，怕这次又是一星期就分手。有天晚上娃娃告诉我，她想结婚了。我问和谁，她说不知道。她说：我二十六岁了，玩也玩了，疯也疯了，累了，想安稳下来了。但你知道吗，我总觉得感情这事是有报应的。因为之前太放纵，等你想稳定的时候，却又觉得自己再没有资格谈爱情。

我曾经也这样觉得，因为透支了太多感情，等到自己真正想找个人过日子的时候，又觉得自己没资格说一辈子。

今年过年的时候，娃娃回家认识了一个外国人，娃娃和他都是服装设计师，两人聊得很开心。有天晚上他约她到家里品红酒，两人喝得微醺，娃娃没有回家。那天过后，他们像朋友一样正常联系，谁也没有多说一句。有天娃娃在公司加班，外国人去给她送便当，娃娃打开便当盒，先看到的是一枚戒指。他突然单膝下跪，拿出一大捧花，对娃娃说："我不是中国人，不了解中国人的习惯，可能这样对你来说有点唐突。但我真的忍不住想告诉你，我觉得和你在一起很开心。你说你之前怎么样，我参与不了你的从前，我只

你可以不相信爱情，
你也可以沉迷于爱情，
但你永远都不要在爱情里选择放纵。

想参与你的以后。"

　　娃娃那晚给我打电话，笑着笑着就哭了。我知道，那是幸福的眼泪。前几天她给我发请柬，请柬上写了一句话：别害怕，我们都会在走肾的时代遇到走心的人。

　　你可以不相信爱情，你也可以沉迷于爱情，但我希望你永远都不会在爱情里选择放纵。你可以不在乎别人怎么想，你可以不在乎别人怎么看你。最可怕的不是别人嘴里的你有多浪荡，而是你已经习惯了放纵的生活，再也学不会如何去爱一个人。

　　习惯了逢场作戏，就会对他人的真心感到麻痹。你可以喝很多酒，可以抽很多烟，可以和并不熟悉的人上床。你的身体是你自己的，别人无权干预。但你的生活，你以后的人生，也都是你自己的，没有人能替你走。

　　我最怕的，不是我从未遇到过命中注定的人，而是我遇到他后，因为我的放纵，我的自傲，我对爱情的不屑，最后把他弄丢了。

　　如果下次你遇到我，而我正巧在抽烟喝酒，你看到我的文身，看到我脸上的浓妆，你千万不要害怕。不是每个爱玩的人都会在感情里玩，如果可以，我希望你是那个特别的人。

不好意思，
可能要麻烦你一辈子了

昨天有个读者告诉我，她去年结婚了，两人门当户对，双方父母都很满意。但今年年初她被查出患一种很难治的病，不会有生命危险，但很难怀孕。一开始丈夫并没有说什么，只是让她安心养病。然而她慢慢发现，丈夫回家的时间越来越晚，和她说话也越来越少。上个月，他终于和她摊牌，想离婚。她说，夫妻本是同林鸟，大难临头各自飞，这句话说得真对啊。

"夫妻本是同林鸟，大难临头各自飞。"这句话好像是很多人相信感情并不可靠的理由。其实，这句话一直都被很多人误解。《增广贤文》中有"父母恩深终有别，夫妻重义也分离。人生似鸟同林宿，大限来时各自飞"这样一句。大概的意思是，父母恩情再重，夫妻感情再深，到人生的大限来临时，也就自然分离了。并不是感情不可靠，只是你还没找到那个真正爱你的人。

我告诉那个读者，不要怪爱情。如果你们能健康快乐地在一起，不经历大风大浪，或许就会携手走完一生。他不一定是不爱你，但他一定是爱你爱得没那么深，也没那么真。你该庆幸这次生病，让你看清他是错的人。

她问，我现在这个样子，还能遇到真正爱我的人吗？

会啊。

真正爱你的人，是不会在乎太多的。就算你缺了一条腿，就算你是个哑巴，就算你就是一个大麻烦，他还是会心甘情愿地让你麻烦一辈子。总有人会穿越人海找到你，拥抱你。无论海水涨潮还是退潮，无论日出还是日落，他都会坚定地奔向你，不退缩，不犹豫。

我突然想起了筷子。小时候我们住在一个院里，他比我大四岁。筷子从小学习就不好，上完高中就没再念书。不过他的女朋友倒是很厉害，考上了一所很好的大学。筷子自己在广州闯荡，赚了点小钱。前年过年回家的时候他去女朋友家给她父母拜年，顺便提了他们两个以后的事。没想到，筷子女友的父母死活都不同意他俩在一起，说筷子没文化，配不上她。筷子那天喝了很多酒，我们问他打算怎么办。他咬着牙说，等我赚了五十万，再去找她，如果她父母还是不同意，我就再赚五十万。

　　去年过年的时候，筷子说他已经赚够了五十万，要去她家再见她父母一面。后来筷子消失了好几个月，我们谁都找不到他。突然有一天，筷子给我打电话说，我要和她订婚了，你能回来吗？那天我在回家的路上，心想，筷子这一年到底是怎么过来的，遭受了多少打击，又付出了多少努力。到了饭店，我突然发现，筷子的女朋友是坐在轮椅上的。我惊讶地看向筷子，筷子给我使了一个别多问的眼色，没再多说什么。

　　那晚我们出去喝酒，筷子说，没和我们联系的那几个月，是在照顾女朋友，她出车祸了，可能很难再站起来。他在医院照顾她的时候，女友的父母把他叫到病房外面说，如果你真爱她，我们也不反对了。只是你得想好了，她以后可能离不开轮椅了。对你来说，会是个大麻烦。筷子笑笑说：爸妈，我愿意让她麻烦我一辈子。

　　前几天筷子结婚了，我回不去，他给我发来了结婚时的视频。他女友坐在轮椅上，筷子单膝跪在旁边。她笑着说：不好意思，可能要麻烦你一辈子了。筷子笑了，笑得特满足。

　　真正爱你的人，不怕麻烦，也不忙。

　　世界那么大，两个人能遇见就足够幸运。每天你都和无数人擦肩而过，每天都有人在一起，也有人分离。而你们能紧握着彼此的手走到今天，真的很不容易。总有人抱怨另一半，她总是莫名其妙地发脾气，他总是不秒回我的消息。当你住进一栋别墅，就想拥有一辆好车。人们在得到的同时，想要的也会越来越多。你说你希望她更温柔一点，你说你希望他更贴心一点。其实，你们已经拥有了最珍贵的东西，那就是能和他／她在一起。

意外之所以被称为意外，是因为发生的可能性很低。
但我们永远都不知道下一秒钟，会不会有意外发生。

汶川地震时，我看到一条微博，是一个女人发的。她说：以前觉得他哪儿都不好，不爱洗澡，袜子乱扔，不会做饭，总是看球赛。但灾难来临的时候，我满脑子想的都是，他在哪儿。感谢上天，给我机会，让我重新认识他。曾经觉得他是个麻烦，现在觉得，有他真好。

我妈说，我爸就是一个大麻烦。袜子特别臭，自己也不知道洗。只知道看着电视嗑瓜子，从来都不收拾。我在家的时候，就看着她每天跟在我爸屁股后头，一边骂他懒，一边收拾他留下的烂摊子。我突然觉得，这就是爱情吧。

我们都是麻烦制造者，很多事情都不会做，也做不好。

但幸好，我们总会找到那个情愿收留麻烦的人。他会像哆啦A梦一样，总有办法处理你解决不了的弱智问题；他会很有耐心，一直笑着包容着你不好的行为；他也会很温柔，会宠溺地笑着对你说：你不傻，你只是脑残。

如果能麻烦你一辈子，当个脑残我也认了。

如果每次想哭的时候都有你抱，装成弱智我也愿意。

我又笨又懒，照顾不好自己，更照顾不好你。

上帝给一个人关闭一扇门，就会为他打开一扇窗。

所以，我遇到了你。

不好意思，可能要麻烦你，一辈子了。

上帝给一个人关闭一扇门，
就会为他打开一扇窗。
所以，我遇到了你。

爱情就是和你一起浪费时间

昨天收到了一个读者的来信，内容是：

我和女友在一起三年多准备结婚了，我开了一家小公司，她是一个舞蹈老师。上周她问我周末有没有空，我说有，我以为她想去周边城市旅游，结果她让我陪她去做头发，说是下周有活动。我其实也不算特别忙，但毕竟是个生意人，不想把时间浪费在陪她做头发这种事情上。我不是不在乎她，她要看电影我立马买票，要吃饭我立马订餐厅，但我感觉，做头发实在是太浪费我的时间了。结果她就有点不高兴，虽然不明显，但我能感觉出来。我想问问，是我错了吗？

我先不说我是怎么回答他的，我想先说一个我爸爸妈妈的故事。

去年我妈突然特别喜欢练瑜伽，一有空就去。有次我放假回家，和朋友约好出去玩儿，看我爸躺在沙发上看电视，就问他：不然你送我去吧，我不想打车。我爸一边啃西瓜一边说：这个节目特好看，你也长大了，该学会自己打车了……然后我黑着脸拿出手机准备打车。这时我妈从房间里出来说：我正要去练瑜伽，我把你送过去吧。结果我爸一听我妈要出门了，噌地一下蹿起来说：那我送你俩吧。（对，我和我妈的差距就是这么大。）在路上我爸对我妈说：你练完了记得给我打电话我去接你啊，可别自己打车回来。我听了马上说：我完事儿了也给你打电话啊。我爸又说了：你长大了，该学会自己打车了……

我爸不是担心我妈开车会撞到人，也不是怕我妈会被司机拐走。只是，他这么多年已经习惯了，只要他不忙，我妈去哪儿，他就陪着。我家就在我爸单位院里，他上班走两步就到办公楼了。我妈医院离我家五六公里，但我爸只要时间不着急，都开车送她上班。

真正能让你回忆一辈子的浪漫，从来都不是满地的玫瑰花瓣和他送你的卡地亚钻戒，也不是他在结婚纪念日时带你去了马尔代夫住了一晚一万块的套房。**真正能让你回忆一辈子的浪漫，是那些无聊的、浪费时间的陪伴。**

回到开头提到的那位读者身上，如果你问我，陪女朋友做头发是不是浪费时间？

我会毫不犹豫斩钉截铁地告诉你：是。

做个头发动辄就要五六个小时，这些时间我可以写完三篇文章，你或许能多赚一万块钱。如果你问我，明知道是浪费时间，我还要不要陪她？

我会更加毫不犹豫斩钉截铁地告诉你：要。

我小时候每天都在院里玩耍，每次都能看到几个老奶奶围成一桌打麻将，有一个爷爷一直坐在一个奶奶后面，眯着眼打盹，脚边还放着一根门球杆。那个奶奶时不时戳戳他把他叫醒，问他：你看我打哪个啊？爷爷笑笑说：我又不懂这个，你想打哪个就打哪个，你说了算。后来我问那个爷爷：你为啥不去和那些爷爷一块儿打门球啊？爷爷笑着说：我也想啊，你奶奶非让我陪她打麻将，我也不敢惹她生气，她一生气，爷爷我就没饭吃喽！

后来我妈告诉我，那个奶奶去世了。我说，那爷爷去打门球了吗？我妈说，他陪她打了这么多年麻将，估计连门球杆怎么拿都忘了。就算记得，他也不会再去了吧。

那时我还很小，不懂什么叫爱情。现在我突然想起这件事，我觉得，大概这就是爱情该有的样子。

其实很多人到了晚年，回忆起的事情，不是当年高考得多少分，去了哪个名牌大学，也不是毕业后找到了一份多好的工作，一个月拿多少薪水。那时我们回忆起的事，大概只是某个晚上和他手牵手轧马路，某个午后他在厨房洗碗，你坐在沙发上看电视。

　　我们必须承认，我们一辈子可能都不会有什么很牛的成就，也不会过上多有钱多潇洒的生活。我们可能一辈子都很平凡，很平庸，生活也很无聊。但值得庆幸的是，那些无聊的、平庸的日子，那些细碎无用的小事，都有他陪着。

　　这就是爱，没那么伟大，却足够温暖。

　　从我们来到这个世界上的那一天开始，就被催促着。

　　父母催促我们赶紧写作业，老师催促我们抓紧复习考试，上司催促我们快点完成工作，时光催促我们快点老去，死神催促我们赶快离去。但没有人能否认，我们都会浪费大把时间在一些看起来并没有意义的事情上。又或者说，没有人能解释清楚，什么叫有意义的事。如果你只想赚更多钱，那么陪伴爱人、陪伴父母、陪伴孩子就看起来没那么重要。但有一天你会发现，你曾经以为十分重要的，其实都没那么重要，而曾经因为不重要而被你忽略的那些事，就成了你一生的遗憾。

　　所以我给那位读者的回复是——

　　如果你们没那么穷，钱对你来说还没那么重要，如果你还愿意为她抽出几个小时时间，你就陪她去吧。这不是一件多难的事，又不是让你给她做头发。你要做的，只是在她选颜色的时候夸她选得好，哪怕你什么都不懂。你要做的，只是在她犹豫不决时告诉她，你这么美，什么颜色都好看。你要做的，只是在她无聊时陪她说说话。一辈子说长不长，说短不短，既然你遇到了对的人，就和她一起多"浪费"点时间吧。她想要的，不过是有你在。

　　太多人问爱情是什么，爱一个人是为了什么。有的答案很有哲理，有的答案很粗俗，也有的答案很平庸。其实，爱就是陪伴啊。不管你现在多忙，事业多成功，朋友有多少，等老了以后，你不就是想有个人能和你一起躺在摇椅上晒太阳吗？人再忙，也不能忙一辈子。老了以后，什么都会慢下来，但谁也说不准以后会发生什么事。灾难、疾病、意外，随便一个理由，都有可能把你爱的人带离这个世界。别等到老得走不动那天，才想起还没有牵着她的手看星星。别等到一切都来不及的时候，才后悔从来都没有陪她逛一次街、做一次头发。

　　如果你不忙，就请你抽出一点时间，和我一起浪费。
　　我想要的生活，不过是，有你的陪伴。

纵然分隔两地，
我也一生等你

●●

　　总有人问我：异地恋还要不要坚持下去？异地恋应不应该放手？

　　别人听到异地恋都会投来同情的眼神，父母听到异地恋都会说不行就分手吧。好像异地恋一开始就是个错误，可是大家都在恋爱，只不过，你们异地而已。

　　我的爸爸妈妈年轻的时候就是异地恋。妈妈在医院，爸爸在部队，那时两人还只能靠不频繁的书信传递对彼此的思念。后来我问我妈：当时在医院没有人追你吗？你怎么等了我爸这么久？
　　我妈笑着说：一辈子遇到一个真正对你好的人不容易，遇到了就抓住吧。错过就来不及了。

从前车马很慢，书信很远，一生只够爱一个人。
如今遍地诱惑，很多选择，我还是想好好爱你。
纵然分隔两地，我也一生等你。

异地恋难吗？
每天要承受生活的压力，还有对他与日俱增的思念。
无论开心难过兴奋委屈，只能通过手机传到他那里。

异地恋累吗？
只能够在手机里亲密，现实中身边却没有你。
吵架时总赌气说分手，醒来后又给他发消息。

异地恋安心吗？
他身边有那么多花花草草，有那么多人可以当他的唯一。
她生病我不能陪只有关心，她需要我时我都不在她身边。

想过放弃异地恋吗？
争吵过后总想放自己一条生路放对方一条生路。
寂寞无助时想有人陪想有人抱想有人一起睡觉。

异地恋的动力是什么？
短暂的分离，会换来更好的相遇。

每天的问候，当初在一起的决心。

相信异地恋吗？

我不相信异地恋，但我相信他。

我不相信异地恋，但我要娶她。

别人说异地恋不过是在浪费时间，

没关系，我有大把青春，只想为你浪费。

想吃火锅，楼下那家很方便，可终究是远一点的那家更好吃。

我对吃不愿将就，对爱情也一样。

我只是抱不到你，亲不到你，睡不到你，可这不代表我爱不到你。

异地恋分手的真正原因往往不是异地，如若真心相爱，区区异地又岂会轻易放弃？

甜甜和男朋友在一起三年，异地恋半年。半年的时间里也有人对甜甜好，但甜甜都委婉拒绝，可男友的电话越来越少，态度越来越冷，后来两个人十分默契地没有说再见，不再联系。半年后甜甜回来，告诉我：她恨透了距离，再也不要异地恋。

后来她说：原来男友在去外地前就有了新欢，不知如何向她坦白，便索性说是因为距离。

甜甜的现男友在另一个城市工作，两人都对对方十分放心，准备年后结婚。

她说：如果真心相爱，天各一方也不会走散；如若假情假意，朝夕相处也终会厌倦。

我不要你的承诺、情话、浪漫、惊喜，我只需要你的早安、晚安，只想感受你为我们未来共同努力奋斗的坚定的心。

我妈以前告诉我，**人长大以后，就会被上帝做减法。减去一些朋友，减去一些快乐，减去一些梦想。所以到头来，你会发现，珍惜眼前人，才是最重要的。**

如果最后是和你在一起，那过程苦一点，吃亏多一点也没关系。

你不要担心我，你不在的时候，我比谁都坚强。

可下次见到你，我要在你怀里，用力地擦鼻涕。

天各一方又如何？我在这里，你在那里。

我们远远地相恋就是了。

晚安，记得我爱你。

愿所有异地恋情侣终成眷侣，不忘初心。

除了想睡觉，
就是想睡你

我这个人很懒，每天最想做的事就是睡觉。如果非要找出第二件最想做的事，大概就是睡你。

在回家的动车上写稿，给老姚发消息说我想睡觉了。他问我：你想睡谁？我说：觉。然后又说：除了想睡觉，就是想睡你。

有次问别人：你睡过最舒服的觉是什么样子？

有人说，那天她来"姨妈"，我俩躺在床上，看了很多电影，聊了很多彼此童年的趣事，然后我抱着她入睡。

有人说，和她在床上翻云覆雨颠鸾倒凤不知天地为何物，然后抱着她睡。

有人说，和他语音聊天，他讲故事哄我睡觉，醒来发现语音还没挂。我咳嗽一声，他说，宝宝要盖好被子啊。

　　以前说过，爱不仅体现在浪漫的惊喜里，也藏在每天的陪伴里。因为喜欢你，所以想和你睡觉，没有理由。

　　我们在一起的时候，我见过你很多样子。你开卡丁车时认真的样子，你吃寿司时贪心的样子，你看着我笑时宠溺的样子，还有很多很多你爱我的样子。但我还想看到你更多的样子，你打呼噜的样子，你磨牙的样子，你半张着嘴的样子和你流口水的样子。

　　有时候我想，如果不能和喜欢的人睡一觉，多遗憾。

　　不需要多么亲昵，我只想简简单单地抱着你，听着你的呼吸声，沉沉睡去。

　　我有时觉得，没有另一半不是最可怕的，最可怕的是，别人都以为你有一堆备选。明明每天喝完酒都是自己回家，打开冰箱，发现里面只有啤酒。打开灯，房间空无一人，洗完澡缩在被窝里，拿起手机，调好闹钟闭上眼，孤独地睡去。但别人都觉得你每天和不同的人调笑暧昧。明明深夜是你最孤独的时候，别人却都以为深夜的你正在享受。

　　前天看了一个电影片段，一个男人每和一个女人做爱，就会拍一张照片贴在墙上作为纪念，墙上贴了数不清的照片，但他说：你能留在这儿过夜吗？我从没抱着一个人入睡过。

　　突然想起以前写过的一段话：你可以和很多人上床，可以和很多人做爱，但你的身体、你的心，始终与他人无关。激情过后，你还是孤单一人，靠在床头发着呆，然后告诉自己，没有人爱你。

如果不能和喜欢的人睡觉，那我宁愿一个人失眠。

我们身边有很多人可以睡，有很多手可以牵，可我们不是和每个人都能在一起，这也是很多人因爱情难过的原因。我因为没有草莓而哭泣，你给我很多火龙果说别哭了，但你要记得，我是因为没有草莓才难过啊。我想要的只是草莓啊。

我不是想找个人陪，我只是想有你陪。

经常听到有人说，好友过千，赞不过百，聊不过十，撩不到一。

我有一个很不好的习惯，就是有时候会发朋友圈说有人聊天吗，然后又装失踪。其实只是因为，我突然发现，除了他，我谁都不想聊。

宁愿一个人拿着手机刷朋友圈发呆，也不愿和不喜欢的人多聊一句。宁愿在深夜一个人看着电视失眠，也不愿拥抱我不爱的灵魂。宁愿自己一个人面对生活中的大风大浪，也不愿委屈自己在不喜欢的人身上将就。

我要说多久你才会懂，我想要的不是陪伴，不是礼物，不是惊喜，不是承诺，我想要的是你。

我这个人真的很懒，懒得陪别人聊天，懒得和别人一起吃饭，

如果不能和喜欢的人睡觉，
那我宁愿一个人失眠。

懒得从床上爬起来，懒得洗头，懒得化妆。我知道"懒癌"这病很难治，解药就是你的名字。

有人说，失眠的原因不过是不能抱自己喜欢的人入睡。

你要记住，我这个人很懒，除了想睡觉，就是想睡你。

你不睡我也没关系，但千万不要睡别人啊。

我会难过的。

晚安。想睡你。

Chapter 2

我买得起爱马仕，
却买不起爱情

如今的我们，

拥有了太多曾经想要的东西，

而我们要的爱情，

却成了这座城市里最奢侈的奢侈品。

我买得起爱马仕，
却买不起爱情

●●

　　人们总喜欢把爱情和物质放在一起，其实爱情和物质一直绑在一起。不起眼的校花攀附上当红明星，乌鸦变凤凰。却又不知足地寻求婚外刺激，不想放下荣华富贵苟且而活。

　　换成是你，你想要很多很多的钱，还是很多很多的爱？

　　突然想起 John 和璐璐的故事。

　　John 前几天从英国回来，我们一起吃饭时他问我璐璐最近过得怎么样。我说挺好，事业越来越顺利，自己成了富婆，动不动就叫我陪她去逛街看着她刷卡，一点儿也不体恤我这种劳动人民。

　　John 喝了一口酒，问我，她当初和我在一起，到底是不是为了钱？

　　我笑了笑，没有再说话。

　　John 家庭条件不错，对女朋友也很大方，就连最短的一次恋爱，也送了对方一个爱马仕手提包。璐璐的父母都是老师，身上从来没有奢侈品。刚和璐璐在一起的时候，John 身边的朋友都说璐璐是看上了他的钱，他说他不在乎。

后来两人一起去了英国，璐璐学设计，John 学工商管理。我印象最深的是璐璐偷偷地去餐厅打工一个月，攒钱给 John 买了一条 Gucci 腰带当作生日礼物。后来我问 John 为什么没用，他说太 low。在国外见钱眼开的女孩子太多，长得好看还会玩儿的女孩子也不少，John 渐渐地厌倦了璐璐的勤俭持家，对那些满身名牌花枝招展的女孩兴趣越来越浓。就在璐璐参加完毕业典礼回家的那天，一开门就看到了裹着浴巾的陌生女孩。

璐璐一句话没说，收拾好行李订机票回国，动作麻利得好像已预知一切一样。

我问 John 有没有再找女朋友，他说换了好几个，太烦，就分手了。我说，其实你找女朋友挺简单的，买个爱马仕给她，就到手了。John 点起一根烟说，我买得到爱马仕，却买不到爱情。

这话我听过。

有天璐璐来我家吃饭，聊了很多以前的事，我说你现在这样挺好的，自己赚的钱爱怎么花怎么花，不用受那么多委屈。璐璐吐了一口烟说，我爸妈从小就告诉我，要和门当户对的人在一起，不然一定会受委屈。但当初我是真的喜欢他，就算他没钱，我也会和他在一起。在英国的时候，我不想花他一分钱，最怕他相信了别人的话认为我是为了钱才和他在一起。其实有时候我挺希望他家破产的，我们两个回国，贷款买房，找工作，朝九晚五地上班，起码还能一直在一起。

璐璐走的时候，突然回头对我说，你知道吗，现在我买得起爱马仕，却买不起爱情。

用钱拴住的心，不是真心。用钱留在身边的人，也不是真的爱人。

很多人一生追求荣华富贵，追求虚无缥缈的名利，追求莫须有的满足感。到了最后，也没遇见爱情。

偶尔会很想回到小时候，你给我一根棒棒糖我就想和你做一辈子的好朋友，你送我一朵玫瑰花我就感动得想要马上嫁给你。那时候不知道什么是五星级酒店，不知道什么叫奢侈品，不知道套路是哪条路。那时候的喜欢和爱，都很单纯。陪伴就是放学一起走出校门，惊喜就是你上学的路上给我买了一袋牛奶，浪漫就是你写的那封情书。

后来我才明白，那些说喜欢你的人，大多也只是说说而已。现在大家都这么忙，忙着工作，忙着生活，忙着找人结婚，谁也不会因为喜欢而去承担即使努力了也可能没结果的悲剧，谁也不像从前那般，只为一眼心动等上几年。如今的我们，拥有了太多曾经想要的东西，可以给自己买喜欢的衣服鞋子和包包，可以去价格不菲的餐厅吃饭，也买得起一两件奢侈品。而我们要的爱情，却成了这座城市里最奢侈的奢侈品。

前几天看到一段话：不管现在人心和圈子有多乱，婊子渣男很多，装土豪装网红的人也很多，但千万不要被周围负面颓废的思想影响。别人傻你别跟着傻，别人随便你别习以为常。做好你自己，未来的路很长，放弃一些酒肉的套路圈子，你会发现，爱情其实没有那么糟糕。

活得物质不是件坏事，但容易让你忘记自己的初心，容易让你头昏脑涨错过真正对你好的人。别过早地活得太物质，女孩子别看见富二代就拼命往前拱，男孩儿看见好看的妞也先把心收一收。有钱的男人很多，长得好看的妞也很多，但世界上真正爱你的人其实很少。把圈子变小，把语言变干净，把成绩往上提，把故事往心里收一收。现在想要的，以后都会有。

曾经有一个三十岁的女读者找到我，说她老公这几年做生意挣了点小钱，每天喝得烂醉才回家。她原本以为是应酬，直到小三找到她，逼她离婚。也有男孩说发现女朋友和一个有钱老头暧昧不清，一天不见身上多了很多名牌货。

人真的不要太贪心。

当你嫌弃身边的女人不够漂亮的时候，有没有想过有很多男人都羡慕她对你这份死心塌地的感情。当一个女人把什么都给你的时

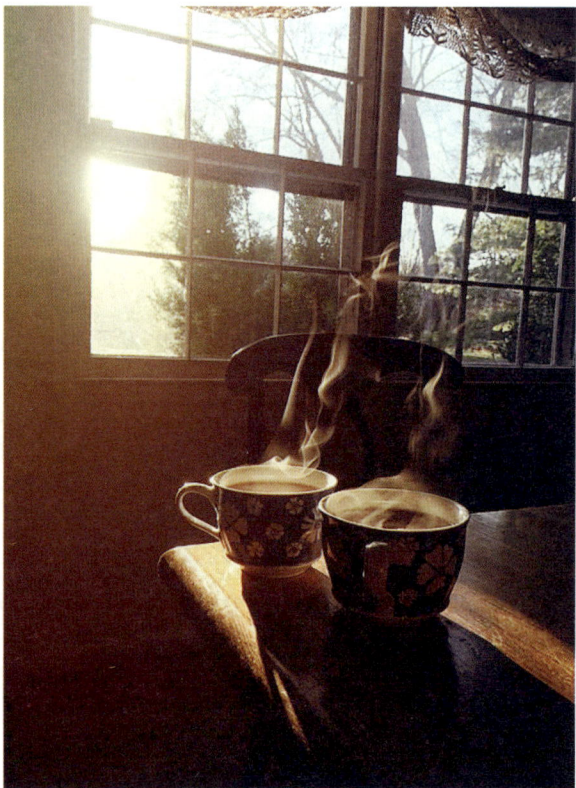

外面的诱惑那么多，当你想要放手的时候，
有没有想过当初为什么陪着对方走了那么久。

候你该知足，她看上的不是你有多帅，多有钱，而是她已经做好了和你同甘共苦的准备。

当你嫌弃身边男人不够优秀的时候，有没有想过他每天每夜地努力，就是为了让身边心爱的你有更优越的生活。当一个男人两手空空肯为你去打拼去奋斗的时候你该知足，他看上的不是你有多美，多性感，而是他不想苦了跟他在一起的女人。

在一起久了，兴奋和刺激慢慢变成了习惯和依赖，爱情慢慢变成亲情，就算两个人在一起没有新鲜感了，请别忘记还有感情。外面的诱惑那么多，当你想要放手的时候，有没有想过当初为什么陪着对方走了那么久。

我希望你不只有爱马仕，也有爱情。

就算没有爱马仕，我也希望你能找到比爱马仕还昂贵的爱情。

我想把你据为己有，
而你却是大众炮友

●●

很久以前就喜欢民谣，因为《玫瑰》知道了贰佰，因为贰佰知道了麻油叶，因为麻油叶知道了尧十三，因为尧十三知道了《他妈的》。

"妈妈，我爱上一个姑娘，可是她却在别人的床上呻吟。"

"我想知道，她是不是真的快乐。我去问她，她没有回答。"

昨天和朋友去酒吧，坐在角落静静地看着来来往往的男女。有个男孩一直转来转去，像是在找人。朋友问我：你说他是不是来捉奸的。我说：大概他连捉奸的资格都没有。我们一直看着他，看到他找到那个女孩，看到那个女孩被另一个男人搂着，看到那个男孩转身离开。我开玩笑说：你俩遭遇挺像啊。朋友喝了口酒，皱着眉说：我想把你据为己有，而你却是大众炮友。

一个月前，朋友喜欢上一个男孩，但对方每天身边都是不同的姑娘。她问他：你愿意为我安稳下来吗？他说：可以啊。在一起之后，她发现每天很早他就说自己困，要早睡觉。她只好说晚安。可有一天晚上，他说睡觉之后，她朋友告诉她，在酒吧玩，看到他也在。她穿着睡衣拖鞋就跑去酒吧，看到他正搂着一个姑娘喝酒。

那天她跑来我家，我们喝了一箱啤酒。她哭着说：我就是这样，明知道他花心，还是想和他在一起。明知道和他在一起可能会难过，还是骗自己这次不一样。

我知道你爱玩，这年纪谁不爱玩。大人们说过：年轻的时候无论再怎么玩，到最后还是会找一个厮守终生的人，过完一辈子。遇到你之后，我一直在想，可能我就是和你厮守终生的人，可能你遇到我以后就不会像以前一样了。人们说过，爱情里是需要谎言的。但最后我才发现，从始至终，都是我在骗自己。

电影《推拿》里面半盲女问：你爱我吗？你有多爱我？

盲人说：爱你就像爱红烧肉。

我很喜欢这个桥段。

我从来不觉得爱是阳春白雪，是床上炽热的相交。我觉得，爱是一起吃过的食物，爱是手牵手一起走过的路。刚认识你的时候，我们喝了很多酒，抽了很多烟，周围有很多人。我想，只有我觉得你喝酒的样了很好看，抽烟的样子也很好看，笑起来的样子很好看，什么样子都很好看。我想，虽然你身边有很多选择，但只有我

找到真正适合你走的路，
真正适合你爱的人，别走歪了。

是真的在意你。

我想和你在一起，我能想到的爱情最美的样子就是，你爱玩，我就陪你玩。你要喝酒，我就陪你去喝。你要抽烟，我就随身带打火机。你玩累了，我就带你回家，给你烧一壶开水，泡一杯热茶，煮一碗面。

我脑海中出现过的最傻的念头就是，曾经固执地认为我的陪伴和付出能留住你的心。后来我听宋冬野唱：爱上一匹野马，可我的家里没有草原。我突然觉得，你就是我爱上的那匹野马，但就算我有一大片草原，你跑倦了，还是想去其他草原看看。

有人说，爱情不就是早安晚安，互相关心，互相陪伴？

但其实，谁都能说爱你，谁都能提醒你早睡早起，谁都能做一系列关心你的事。有的人是真心的，有的人仅仅是看上你的脸或者钱才去做这些。别轻易相信任何人，别随便把自己交付给别人。有的人说爱你，只爱了两三天，得到了就放手。而有的人，爱你可以爱很久。在这个年纪，谎话很多，真心话也不少。你的心里要有盏明灯，找到真正适合你走的路，真正适合你爱的人，别走歪了。

以前有个人对我说：我想晚点遇见你。

我问：为什么？

他说：两个人能否走到一起，时机很重要。如果我出现在你想要安稳的时候，就有可能和你在一起，陪伴你很久。但我出现在你对这个世界充满好奇的时候，无论我付出多少，都是徒劳。

　　是啊，爱得深、爱得早，都不如爱的时候刚刚好。我们总有一段时间希望自己一个人生活，总有一段时间渴望出去看看外面的世界，总有一段时间想要路过的人多一点。人不能安稳一辈子，也不能浪荡一辈子。如果可以，我们就晚点在一起，然后一辈子。

　　有的人在你浪荡的时候出现，愿意默默等，等你想要安稳的时候，给你一个拥抱。但你也知道，我们对另一个人的耐心和感情就那么多。很多人对我说，每天喝完酒回家，房间安静得可怕，那时突然觉得，一个人孤独得像一条狗。这其中有的人，并不值得同情。**你现在孤独，是因为当初你贪图享乐的时候，有另一个人替你孤独着。**

　　其实我想说，如果你觉得，你不想一辈子这样过下去，就擦亮眼睛，看看身边等你的人。人都是会犯浑的，但你别亲手逼走真正爱你的人，毕竟人这一辈子，真正爱自己的没有几个。

　　我们这一辈子总要——爱过炮神，信过狗，和婊子做过好朋友。

吃不到的醋最酸，
先动心的人最惨

● ●

陈奕迅唱过：*得不到的永远在骚动，被偏爱的都有恃无恐。*

经常听别人讨论，爱情中最心酸的事情是什么。其实，爱情中最心酸的是，爱情只是自己臆想出来的，你连吃醋的资格都没有。

说说我自己的故事吧。上学的时候，我有一个很好的朋友，每天我们都十分默契地在第一节课后跑到教学楼顶层，坐在窗台上抽烟聊天，一待就是一天。我们每天都在一起，一起抽烟，一起喝酒，一起打架，一起被学校处分，一起被停课。他对我很好，每次和朋友们喝完酒都把我送回家；等他到家了，会记得给我打个电话。当时很多人问我们：你们两个为什么不在一起啊？我们都笑着说：因为我们是最好的朋友啊。其实我很想告诉他，有很多次，我都觉得我们两个是在一起的。

后来，他有了女朋友，要花时间陪她。所以就只剩我自己坐在窗台上抽烟，看着他在操场陪她上体育课。我们还是一起打架，一起被停课，只不过，和别人打架的理由，总是他的女朋友。没过多久他们就分手了，我挺开心的，因为他不用为了她打架了，我也不会再被停课了。最重要的是，我不是一个人爬到楼顶抽烟了。有次我们提了一箱啤酒去楼顶，喝着喝着，他突然说：不然，我们在一起吧。我点根烟说：你有病吧。他说：我开玩笑的，逗逗你。

我们以最好朋友的名义陪伴了彼此两年。他有女朋友时，我就自己爬到楼顶抽烟；他分手了，我们就一起坐在楼顶抽烟。第三年，他告诉我他要转学去外地了，我说好。我们去学校旁边每天都会去的面馆吃了最后一顿饭。我放了好多辣椒。他问我："你什么时候开始不吃醋了？"我说："我这两年吃的醋也够多了，不想再吃了。"说完眼泪就掉下来了，我说这辣椒真辣眼睛。

那段时间，我每天回家都会听苏醒唱的那首《只谈心不贪心》。有一段歌词，是这样唱的：**能不能只谈心，不贪心？想念在深夜的电话里，只谈心，不贪心，谁说过我们会在一起？**他走的前一天，我把这首歌分享给他。他说：幸好，我们都没有贪心。

是啊。幸好，我们都没有贪心。真遗憾，我们都没有贪心。真可惜，我们都没有贪心。

其实我想说，我多想贪心一次啊。

有的人来到你身边，是要教会你一些事，然后离开的。

你千万不要把他的存在当成一种习惯，因为很难戒掉。

就像我，到现在吃什么都不肯放醋，还要加很多辣椒。

有人问我：以朋友的名义去爱一个人，是不是很累？

是啊。你站在他身旁，完全被他的情绪变化而牵动。但你知道，他的喜怒哀乐都不是为你。每次他开始奔跑，你都紧随他的脚步，他觉得有你这个朋友真好，做什么都有人陪。但他不知道，他在追别人，而你在追随他。

人们早就说过了，吃不到的醋最酸，先动心的人最惨。

明知道以朋友的名义去爱一个人这么累，为什么还有那么多人坚持？

因为，如果我无论如何都不能感受到他怀抱的温度，那能站在他身边感受他的气息也挺开心的。不都说陪伴是最长情的告白吗？我一直都站在他身边向他告白啊。只是他不知道而已。我觉得，等很久很久之后，他头上有了白发，我脸上也多了皱纹，我们都不再年轻，不再热泪盈眶。如果那时他回忆过去的时候能想到，抽烟的时候有我在，喝醉的时候有我在，难过的时候有我在，开心的时候有我在，我就很开心了。

其实我很想一辈子都陪着你，但我知道我的温柔对你来说只是打扰。

和你认识的这段时间里，我吃了太多吃不到的醋，太酸了。

曾经有人告诉我，人这一辈子啊，会遇到很多人，会为很多人掉眼泪，会和很多人道别。在某一个时间点，我们不能同时爱上两个人。或许只是你爱他的时候，他不爱你。这时候你就得做出个选择，是走，还是等。走了，你的难过会少一点，眼泪也会少一点。如果你要等呢，就得做好永远等不到你想要的结果的准备。

都不是小孩子了，都知道自己想要的是什么不需要的是什么。很多人在刚开始都说要等，但等着等着，还是走了。有人觉得浪费了青春和感情，其实没有什么浪费不浪费的，不管做什么事，不就是图个痛快吗？

后来我当初喜欢的那个男孩问我当时为什么不告诉他我喜欢他啊。我说：因为我知道你不喜欢我啊。我就在你身边等着呗，等你喜欢我；如果等不到，那我就等到我不想等了，也就自己走了。他说：那我们现在，还能在一起吗？我说：我不喜欢你了，每个人对另一个人的感情、耐心以及付出，都是有限的，动心的程度决定这限额是多少。但用完了，也就真的没了。

我们现在依旧是很好的朋友。只是再也没有心动的感觉了。

其实我想说的是，有的时候你觉得身边没有人爱你，觉得自己是孤零零一个人。但其实，可能爱你的人就在你身边，你千万不要粗心，也不要把他弄丢了。喜欢一个人，是一件特别需要勇气的事。他有勇气喜欢你，有耐心陪伴你，有决心等你，你千万不要把他所有的感情都耗尽，才想起要和他在一起。

我们要做的事、要爱的人，其实都在眼前啊。

Hi，我想尝尝你的套路

●●

　　和朋友 M 聊天，她说最近被一个男孩子吸引，但是又觉得他太有套路，不敢和他接触太多，但就是忍不住想去了解，被这事弄得很烦躁。

　　我说：你在怕什么啊？全世界都是套路，你自己也玩得一手好套路，现在你告诉我你害怕被套不敢尝试？

　　别害怕，去尝尝他的套路，说不定味道很好很难忘。

　　总是深情留不住，偏偏套路得人心。这话一点儿没错，但也没有大家理解的那么消极。爱情中的套路，有时候，不也是很甜蜜的吗？

　　我很想你，但我不会主动找你，因为我很酷。

　　没想到你比我更酷，我不找你你也不找我。

　　但我还是很想你，老子不管老子最酷。

酷，也是一种套路。我喜欢你，但我不会主动说出来。给你暗示，欲说还休你会不会懂？

如果全世界的人都一样，喜欢一个人马上对他说："你好，我喜欢你，你能和我谈恋爱吗？"

那另一个人应该会说："你好，需要我给你联系一家比较好的精神病院吗？"

此处应插入一个我个人认为优秀的套路教学——

男：你喜欢什么牌子的口红？

女：干吗？

男：我送你一支好吗？你以后每天还我一点。

相爱没有那么容易，每个人有他的套路。

但正是因为套路，爱情才变得更加有趣。

女孩子翘二郎腿的时候膝盖会对着更有好感的人。

男孩子模仿你的言行是因为他们会不由自主模仿自己喜欢的人。

女孩子拨弄头发让锁骨和脖子外露是潜意识中想获得对方的关注。

男孩子在聚会时突然坐到你旁边是不想让其他人和你搭讪。

这种基本常识如果你都不懂，那你活该散发单身狗的清香。

在这个充满套路炮火横飞的时代，每个人都应该好好学习如何套到自己喜欢的人。

套路，就像调情，是一种重要的情爱因素。

每个人对喜欢的人套路都是不一样的，有的喜欢每天和你微信聊天，有的喜欢经常约你出来玩。就连一句简单的晚安，有人喜欢发表情，有人会说 G9, Sweet dreams.

你说你不要套路，Ok，只要你愿意让你喜欢的也喜欢你的人在想睡你的时候说：我想和你做爱。

没有套路，方便快捷。

没有套路，没有调情，那请问：你们只是床上的合作伙伴？

做爱都有那么多姿势，约你看个电影就说他有套路，你过分了吧？

我不反感别人说我有套路，但我真的想为"有套路的人"站出来说句话。

我喜欢你，想和你看个电影、喝个咖啡、吃个饭，你说我有套路。

我不约你出门，每天在微信上和你聊天，你说我是想让你形成习惯依赖我，说我有套路。

我不经常找你聊天，看你朋友圈说生病了关心你一下，你还说我有套路。

我说什么做什么都是套路，有这工夫，我可以重新找个姑娘，Ok？

因为喜欢你，才想套路你。

一天二十四个小时，十个小时睡觉，八个小时在忙，两个小时吃饭，剩下的四个小时用来套你。

为什么？

因为我喜欢你啊。

因为喜欢，才想每天和你聊天。

因为喜欢，才想和你一起出去玩。

因为喜欢，才想把你骗到床上。

因为喜欢，才想套路你啊。

每天遇到的人那么多，微信好友那么多，干吗不去套别人？

因为喜欢你啊，因为喜欢你所以只想套路你啊！

可你为什么这么害怕我呢？

不要因为害怕被套路就不想伸出手，不要因为害怕被伤害就不去相信爱。没有人能在恋爱中做常胜将军，有输有赢、有甜有苦很正常。

恋爱也不是较量，重要的是过程。

大可以抱着"尝尝他的套路是什么味道"的心理，说不定你会爱上他！

一辈子很短，要爱对的人

前天妈妈打电话说，爸爸扭到脚住院了，她在陪床。

问了几句确定没事儿放心以后我在想：我爸爸看起来那么大的一个人，根本不需要我妈的保护。可是在这时有我妈陪他，他应该觉得很有安全感吧。虽然平时总是装作嫌弃我妈笨手笨脚的样子。可现在，也会觉得有我妈爱他很温暖吧。

安全感是什么？

以前觉得，安全感是他秒回的信息，他的早安晚安，他每一个承诺，他对我的好脾气。

现在觉得，安全感是清晨明媚的阳光，繁华路口人行道的绿灯，出门时口袋里的钱包钥匙还有满格电的手机。

因为我知道，将安全感寄托于他人身上难免会让我疼到失望。

真正相爱的人，即使发生过再大的争吵也会各自找台阶，重归于好。

并不在乎的人，哪怕发生了再小的别扭也会趁机找借口，马上溜掉。

有时结束一段关系不等于你的幸福被没收，而是上天看你一直不快乐心疼想要放你走。

一辈子很短，不要为错的人浪费青春。

一辈子很长，所以你应该去爱对的人。

有个女孩子告诉我，和男朋友分分合合三年，每次他说分手，她都想尽一切办法挽留。

可最后发现，来来回回，始终抓不住他的心，而她也慢慢累了。彻底分手以后，一天也没再爱过。

如果你认真谈过一段感情，最后却分手了，以后你就很难再去喜欢别人，不想花时间和精力去了解，就好比排了很久的队买了一个甜筒，挤出人群后却失手掉在地上，看着在地上化开的甜筒，你不想再重新排队去买，因为只差那么一点儿，可你一口也没吃到。

很多时候，放不下一段感情，不是忘不掉什么人。

只是始终对自己那场无果的付出和被浪费的炽热的爱耿耿于怀。

小时候在家里翻爸妈年轻时写的信。爸爸在部队，妈妈在医院，两个人不能经常见面，信里没有肉麻的情话和无用的承诺，只是家里都好，孩子也好，一切都好，请放心。

真正的爱情，理应是共同面对风雨，共同享受阳光，一起感受冷暖变化。而不是一方为了家庭苦苦奋斗，一方喜新厌旧、反复无常。

It took an instant to fall in love with you, then I hoped to spend a lifetime taking care of you. 爱上你只是一瞬间，但我想照顾你一生。

时间只负责流动，不负责教你成长。
但深夜时喝的酒会，无奈时抽的烟会，伤心时掉的眼泪会。
看过很多电影，听过很多歌，爱过错的人。
我突然明白：一辈子很短，要爱对的人，和他一起笑。

你死都不肯放手的样子特别丑。
你卑微放低自己的样子特别丑。

可能你会遇到一个想要共度余生的人，
而他把你当作可有可无的甲乙丙丁。
同时，也有人愿为你赴汤蹈火而你不愿接受。
可能你会很难过，
明明自己那么爱的人，
却成了别人眼中的"便宜货"。

爱情原本就是一场重复的辜负，
伤害别人的同时，也在被别人伤害。

爱情原本就是一场重复的辜负，

伤害别人的同时，也在被别人伤害。

曾经看过一段话：

你欠某个人的，会有另一个人要回去。某个人欠你的，会有另
一个人还给你。

你对某个人做的事，不管是伤害还是付出，总会有另一个人报
复或者报答，在不同的时间节点。

人生的无情与有情，绝情与滥情，总体来说，是守恒的。

你要相信，这世上总有人在等你。

太阳升起又落下，海水涨潮又退潮，

他始终在等你，等你放下错的人去找他。

不管你现在是孤身一人还是有人陪伴，

你一定要记得，一辈子很短，要爱对的人。

两句喜欢三句爱，
七天追不到就拜拜

●●

　　昨天约了两个朋友喝下午茶，你们懂的，女孩子在一起聊天，就会讨论最近遇到了哪个男孩。她们问我最近的感情状况，我一脸坚定地说，一心沉迷写稿，无心恋爱。椒椒说，前几天有个男孩突然对她很热情，聊了几天之后感觉还不错，本想等忙过这几天一起吃饭，但他突然又爱答不理。鉴于我和椒椒都没有什么值得八卦的消息，我们把目光转向了小七。我问她，最近有没有喜欢的男孩。

　　小七笑了笑说，有一个还不错，他说挺喜欢我，约我看电影，我还没答应。

　　听到这个消息，我和椒椒像狼狗看见大骨头一样，四眼发光。让小七给我们看看那个男孩的照片。小七说，你们见过他啊，上次那谁过生日，我们四个人都在，就是那个灰色头发的男孩。

　　我说，我记得那个男孩，挺帅的啊。

　　椒椒没说话，过了一会儿，她支支吾吾地说，我说的那个男孩，也是他……

椒椒说完，我们三个人谁也没说话，三脸懵逼，面面相觑。

你是不是以为要开始闺蜜撕逼大战了。

你脑补太多了，女人之间的友情没有你们想象中那么脆弱。

我们三个人像侦探一样看了那个男孩和椒椒、小七的聊天记录，发现他对两个人说的话其实都差不多。

刚开始嘘寒问暖，稍微熟悉一点后使劲儿献殷勤，然后再约她们出来玩。白天基本不回消息，到了半夜开始把话题往爱情上扯，说自己以前喜欢一个姑娘，对她很好但没结果，之后就不怎么谈恋爱了。说第一眼见到椒椒／小七的时候，觉得她们人很好，仿佛一股清流。

不同的是，椒椒当时忙着比赛，一直没有回应他。而小七刚刚收到他说有时间一起看电影的邀请。小七说，我觉得他可能是个渣男。我说你也别这么快就把别人一巴掌拍死，说不定他对你真的是有特别的感觉呢，虽然看起来这个可能性不大。

最后我们一致决定，让小七先别急着回应他，看他接下来会怎么样。

几天后的中午，我突然收到一条添加好友的请求，打开一看是那个男孩。我在三个人的群里问小七，你和那个男孩怎么样了。小七说，他不怎么理我了啊，我也没在意。我截图发到群里，这次我们三个人可以确定了。这伙计是遍地撒网，重点捞鱼呢。

我觉得有一句话，十分符合现在的情景：两句喜欢三句爱，七天追不到就拜拜。

这种人其实挺多的，在某个朋友的饭局里加了你微信之后，就去和其他女孩热情互动。晚上散场了回家后，他突然发来消息问你，今天玩得开心吗。和你有一句没一句聊起来之后，问你有没有男朋友，问你平时喜欢玩什么，说有时间一起出来玩。和你出去的时候他对你挺好，或许会在过马路时突然拉住你的手，或许会在吃饭时用手擦去你嘴角的食物渣。总之，会让你在不经意间心跳加速。

你心里想，他是不是对我一见钟情了。

然后你慢慢开始习惯他的关心，他约你出去的时候你都精心准备，甚至开始幻想他向你表白的场景。你开始想要了解关于他的一切，开始关心他的动态，开始在意他的情绪变化。甚至开始想象和他在一起之后的生活。

我们不排除一见钟情这种可能。但我们也不能忽略另一种可能。

那就是，他八成加了那个局里的大部分女孩的微信，都这么问一遍。选择你的原因，可能是因为其他的女孩没搭理他。

以前说过一句话，别把对孤独的恐惧当成对爱情的向往。

当你刚分手或者单身已经很久时，你会开始想要被人关心，被

先让自己变成更好的人，
远离那些不负责任想要伤害你的人。
该来的，总会来。

人照顾，开始厌倦一个人的生活，开始越发的对孤独产生恐惧和抗拒。当经历感情的空窗期时，我们都希望能出现一个合适的人，来打破这种尴尬的局面。这时你的头脑容易不清醒，可能会把别人不经意的一个行为理解成对你有好感，也可能把渣男当成自己的真爱。

你要明白，一个人是否真的喜欢你，不是他对你说了多少句情话，也不是他在某个雨天为你送了一把伞。这些可能是他的一时冲动，你要让时间去衡量。可能你会担心就此错过了你的王子，你会觉得是你一而再再而三的犹豫将他推开。但大多数人的经历证明，会因为你偶尔一次两次的拒绝或是向你表白后没有立刻答应而开始远离你的人，往往不是你的王子。

有人问我，你最怕什么。

我说，最怕突如其来又不负责任的喜欢。

他今晚对你说了很多煽情的话，他说在他心里你和别人不一样，他说对你有一种特殊的感觉。然后，你或许马上会在另一个女孩的朋友圈下面看到他评论说：好腿，好胸，注意保暖早点睡。

喜欢是要用行动证明的，爱也需要时间来考验。

两句喜欢三句爱，七天追不到就拜拜的人实在太多了。

就像那句看似非常矫情但却饱含真理的话：喜欢我的人很多，但没见谁坚持过。

心急吃不了热豆腐，感情也是一样。

你不要因为别人的一句关心就轻易感动，也不要因为他的一句"喜欢"就想恋爱，更不要因为他的一句"爱你"而决定托付终身。

我始终相信，爱情不是找来的，而是等来的。

你不要着急，你要等，先让自己变成更好的人，远离那些不负责任想要伤害你的人。

该来的，总会来。

有些爱，做过就没了

●○

有一次玩真心话大冒险，我输了。别人问我，哪首歌你觉得很一般却听哭了？

我想都没想就说：《煎熬》。

第一次听这首歌的时候，我就听明白一句歌词：当初你又何必浪费，那么多咖啡和玫瑰，来打扰。

真正明白这首歌，是因为有一个人告诉我，千万不要打开这首歌的 MV。我问为什么。他说：如果你一定要看，我陪你啊。我在他怀里看完了 MV，这首歌的 MV 真的可以当日本片来看，还有蟑螂和蛆虫，挺重口味的。他说你看这女人多傻，明知前面是陷阱，还偏偏往里跳。我笑笑说：爱情不就该是这样吗？在一起时用力纠缠，分开后用力难过。有的爱，做过就没了。曾经植入骨髓的甜蜜和缠绵，日后想起，可能会像蛆虫和蟑螂一样令人作呕。可我们需要这些情感来填补空白的人生啊！不做，又怎么证明爱过？

有人问我，明知道和他没有结果，还要和他在一起吗？也有人问，明知道不能和他在一起，还要和他上床吗？

我回答不要，他们会说，可是我真的很爱他，我怕以后会后悔。

我回答要，他们会说，可是我们一定不会有结果啊，就算在一起上床又能怎样呢？

这就像是一个马上就要离去的人，最后送给你一份礼物。你打开一看，是一筒烟花。有的人会马上把烟花放掉，和他一起看着烟花燃尽后的残渣，然后说，爱过你真好。也有人会把这筒烟花抱回家，小心翼翼地存放着，想他时就拿出来看看，然后对自己说，爱过一个人真好。

从小爸妈和老师就告诉我们，不管做什么事，一定要先考虑清楚后果。

随便做出一个选择可能很容易，但承担它所带来的后果很难，可能会让你痛不欲生。

有的女孩对我说，明知道他只是想做爱，可自己偏偏动了心。明知道他只是逢场作戏，可自己却想要白头到老。是，你明知道他给你的甜蜜背后是无解的毒药，因为你太爱他，因为你离不开他，所以你甘愿吃掉这颗糖。你问别人这可怎么办才好，可是你别忘了，当初是你心甘情愿，你知道他不会心疼你，更不会因你的痛苦而难过。当初是你自己一厢情愿地把他揉进你的生命里，你就该明白总有一天你要把他从你心里剥离出去，这过程会很疼。

可是，我们不能因为怕摔倒而拒绝行走啊。爱一个人，就一定会受到伤害。因为怕难过而拒绝去爱，该有多悲哀。

《东邪西毒》里面有段台词：有些事情是会变的，我一直以为自己赢了，直到有一天我看着镜子才知道我输了。在我最美好的时间里，我最喜欢的人不在我身边；如果能重新开始该有多好。

记得以前有人对我说，要把每一天当成你生命中的最后一天，这样你就可以肆无忌惮地勇敢去爱，而不是缩手缩脚给自己留下一辈子的遗憾。

以前我总觉得，一见钟情不过是见色起意，日久生情也不过是权衡利弊，人生来就是孤独的。后来越来越多的人问我，爱情是什么?

我不知道爱情是什么。但我知道，在爱情没开始之前，你怎么也想象不到你会如此用力地爱一个人。在爱情没有结束之前，你永远也想不到这样的爱有朝一日也会消失。在爱情被忘记之前，你不肯相信那样刻骨铭心的爱竟然只会留下淡淡的痕迹。在爱情重新开始之前，你不敢想象还能再一次遇到那样的爱情。

有次在知乎上有人问，是不是越长大越难爱上一个人?

有人回答，不是越难爱上一个人，而是越来越知道自己究竟爱什么人，也越来越能分辨什么是爱。

　　如果你遇到一个很爱的人，就别再犹豫了。我们都明白，有些爱做过就没了。可很少人明白，有些爱没做过，时间久了就会忘了。生活从来不是平淡如水，或许他的出现会在你的世界里留下浓墨重彩的一笔；可是如果不做，又怎么让自己记得，他真的来过呢？人活在世界上，总要有一次用尽全力的奔跑，有一次切断所有后路的努力，也要有一次轰轰烈烈的爱情。

　　有些爱，做过就没了。

　　但我不后悔，因为至少，我用尽全力爱过。

相爱没有那么容易，
每个人有他的微信

昨天在朋友圈看到一张图片，看完我笑了好久。

问：两个人在家怎么过得有趣？

答：交换手机。玩儿"来——解释微信好友"的游戏，有助于大家提高讲故事、处变不惊的能力和应对、抗压能力。当然，一不小心还可以锻炼搏击能力。十分有趣好玩儿。

我把这张图片发给扭扭。她看完说，这游戏挺危险的，一不小心男朋友就玩儿没了。

她说得没错，我亲眼见证过这种惨剧的发生。

有天扭扭和男朋友来我家，三个人聊了一会儿各自玩起了手机。扭扭手机没电了，放在一边充电。她把男朋友的手机抢来玩消消乐，玩着玩着突然来了一条微信消息。扭扭原本没有在意，但条件反射点开了消息。然后我放在桌子上的最喜欢的一套茶具，就碎了……

　　消息是一个妹子发的，妹子长得也挺好看的，但这都不是问题的关键，关键是妹子发来的是："臭懒猪，起床了怎么不找我？"

　　扭扭的脸一下黑了，但她没说话，默默地打开那妹子的朋友圈，发现自己男朋友给她单独设了一个分组，名字是：小宝贝。

　　扭扭又打开男朋友的朋友圈，发现他们两个合照是分组可见的。

　　八九不离十，扭扭男友屏蔽了他的"小宝贝"。

　　扭扭把手机扔给男友问，这谁啊。

　　他没说话，默默地点了一根烟。

　　我躲在沙发后面，怕被扭扭误伤到。看着扭扭愤怒的脸，我感觉她把这辈子损人的话都说完了。

　　"你们互相称呼得挺亲切啊，你是臭懒猪她是小宝贝就我TM是大傻逼是不是？"

　　"我说你有天怎么突然叫我小宝贝，平时不都叫我小腊鸡小弱智小智障吗，敢情是发错人了啊！"

　　"是不是和我在一起时间久了感觉烦了想换个口味啊，想换口味你告诉我我们分手啊。我早就不想和你过了。"

　　骂着骂着，扭扭的声音中带出了哭腔。

　　在她要哭出来的那瞬间，我对他说：你滚吧，我怕我控制不住，想打你。

　　他刚出门，扭扭就哭成傻逼了。

她问我，为什么他连解释都不解释啊。

傻瓜，出轨这件事有什么好解释的。

难不成你想让他特别温柔地摸着你的头说：亲爱的，你猜得没错，我出轨了。

扭扭就这样恢复了单身，有天我们喝下午茶的时候她突然说：真的，相爱没有那么容易，每个人有他的微信。

微信有些功能真的挺强大的，只有共同好友才能看到互相的点赞、评论，发朋友圈可以分组可见。说白了，除非你有他的微信密码，不然他的微信里可能就是另一个完全不同的世界。

听起来很绝望吧，没关系，还有更绝望的。

就算你有他的微信密码，登陆了也不一定有用，说不定他已经把那群小蝴蝶培养出来了，他不主动说话，没一个人会主动找他聊天。

我见过好多情侣因为看了对方的微信之后吵架分手，也听过关于"这个女的是谁"的各种版本的解释。

"我们学校的学姐，她找我聊天我也不能不回，不然怎么进学生会？"

"公司老板的女儿，你也知道她一定不能得罪，不然我还怎么加薪？"

"兄弟喜欢的女生，他让我帮忙套出她的喜好，不然我就不是朋友。"

"某某勾搭的妹子，他怕被他女朋友发现吵架，就用我的微信聊骚。"

呵呵……

你是不是突然觉得，相爱没有那么容易，每个人有他的微信。

相爱的确没有那么容易，但其实不是因为每个人有他的微信。

而是因为，每个人都舍不得丢掉那份私心。

现在谈恋爱，每个人都有一份私心、十条退路、一身套路。吃着碗里的，看着锅里的，还不忘回头看看以前吃剩下的。

有很多人说，我仍然相信爱情，相信总会有一个人走到我身边寸步不离地守护我照顾我，相信原本乱成一团糟的生活会因为这个人的出现而彻底改变。但我不再相信我会遇到这个人。

其实，我们都不必那么着急。

今天上海下雨了，每次下雨我心情都会变得很糟糕。但我知道这雨只是一阵子，明天或者下个星期，天空就会放晴了。

同样，我们总会遇到一个自私的、错误的人，会爱上他然后被他伤害，会为他付出然后体会到孤独无助。但这只不过是成长道路上的一个小小插曲，而他也只是一个过客而已。别放弃爱情，也别放弃自己。很多人觉得自己是爱情里的受害者，其实，爱情才是爱

因为心无所恃，所以随遇而安。

情里的受害者。

　　以前说过，很多时候你喜欢一个人有没有结果，和你长得多好看、付出多少真的没关系。这取决于你喜欢上的人，是什么样的人。所以，你只是在寻找真爱的路上不小心迷了眼看错了人，喜欢上一个满身套路风流成性的人。这不是你的错，更不是爱情的错。你不该猥琐，也别害怕。

　　你要明白，有的人就是这样——身边要有很多人陪伴才觉得满足，才足够安心。他认真地说他喜欢白山茶，然后理所应当地收下别人的红玫瑰。他温柔地说着恋你，然后迫不及待地爱别人。你不必纠结他什么时候会浪子回头，也不必纠结他对你的情意到底有几分是真。

　　你要做的，只是继续相信爱情，勇敢走下去。

　　很多时候，你越是费尽心思取悦一个人，那个人就越有可能让你痛彻心扉。这也就是人们常说的，你越在意什么，它就越会折磨你。有人说，避免失望的最好方法，就是不寄希望于任何人、任何事。期待，是所有心痛的根源。心不动，则不痛。因为无能为力，所以顺其自然。因为心无所恃，所以随遇而安。

　　我从不这么觉得。
　　我希望你活得像你自己，活得顺应你的本心。想爱就去爱，想哭就回家躺在床上大哭一场，累了就睡觉，渴了就打开冰箱开一瓶啤酒。不依赖任何人，但也别病态地封闭自己。我们总要爱过人渣，才明白谁是自己的王子。就像考试时这道题做错了，印象才会更加深刻。不怕摔倒、不怕失望。任何人、任何事，都充满勇气地去对待。

相爱的确没那么容易，每个人都有他的微信。但除了微信，他还有自己的陌陌、探探、微博和企鹅空间。

所以，永远不要把生活的重心放在他人身上。不要让自己变成颜料去装饰他的世界，而是竭尽全力把自己的生活过得五彩缤纷。**相爱时紧紧拥抱，不爱了转身离开。**

这样下来，他只有自己的微信，而你却有拥抱并享受整个世界的心态和能力。

他只是没那么爱你

●●

他喜欢抽烟，于是你开始吞云吐雾。原本闻到烟味就会皱眉头的你，如今每天都少不了香烟的陪伴。

他喜欢喝酒，所以你也一杯又一杯。曾经聚会时只喝果汁的你，现在却很难喝醉。

你曾经一定为一个人改变过很多，变得不像自己。你说这就是爱啊，爱他所以愿意为他改变。可是，他又为你改变了什么？

前几天收到一个读者的来信，满满五张纸。她的故事没有很特别，但的确让人憋屈。

我喜欢上一个比我大十岁的男人，有钱，但爱赌。他从来没说过要给我一个家，从来没给过我任何承诺。他和朋友吃饭的时候会带上我，但从不介绍，别人都当我是一个陪酒的姑娘。我觉得没关系，能在他身边就好。后来他赌输了，没了房子没了车，我拿出自己的工资和他一起租房子住。刚搬家的那天他说，我会娶你的。我拼命工作挣钱，他每天在家里喝酒看球。我觉得这样也好，以前他忙，现在闲下来了，起码一回家就能看到他。

有天他喝醉了，朋友叫他出去喝酒，他跟我要钱，我不给。突然他就抓着我头发把我的头磕到桌角，一边骂我贱一边要钱。我哭着说真的没有，他就说你怎么不出去卖？

我真的很爱他，就算他没钱了我还是很爱他。但我该怎么做才能让他对我好一点，我想和他有个家。

看完信后我突然想，你到底要什么时候才能明白，他根本不爱你啊。

爱是陪伴，爱是关心，爱是互相照顾，爱是相互尊重，爱是不管什么时候你都在。

有人说，另一半突然对自己很冷淡，但并不知道自己做错了什么。

有人说，另一半经常和其他女孩聊天，不敢生气又真的会吃醋。

有人说，另一半从来不主动找她聊天，每次聊天都是他先结束。

她们问我，是我哪里做错了，还不够好吗？

你哪里都没错，唯一错的就是，高估了他对你的感情。

你以为他是爱你的，心甘情愿为他改变，实际上他对你只不过是利用。你以为他不主动找你是你惹他生气了，担惊受怕地反思自己，实际上他只是懒得搭理你。你以为他和其他女孩聊天是想让你吃醋，以为这是他在乎你的方式，实际上他是真的想和她们发生故事。

　　女孩子都有欺骗自己的技能。就连被甩，都要先给对方找个台阶下，对别人说是你不好。

　　别傻了姑娘，好聚好散只是你安慰自己的借口。他是怎么对你的，没人比你更清楚。你需要他的时候，他不在。你难过的时候，他没有陪你。你要走的时候，他没有挽留。别再说假话骗自己，说白了，他就是不爱你。

　　在学会相信爱之前，你应该先学会保护自己。

　　得不到回应的热情就适可而止，这句话你一定听过。

　　你不该盲目地相信任何一个男人，就算他爱了你好多年，见过你最丑的样子，最懂你的性格。就算他为你唱过好听的歌，为你改变过，曾把你当作他的全世界。你都不要盲目地相信他。因为你永远都无法确定，下一秒，他会不会走。而爱得太投入，会让自己很疼。

　　微博上有一段话：爱情其实最怕用力过猛，对一个人倾尽所有地付出，到最后往往只会换来歇斯底里的索求。当你有幸遇到一个值得爱的人，记得爱他，珍惜他，也永远做好他随时都会离开的准备。**学会和爱过的人好好告别，学会和不爱你的人及时地说再见，并且有转身再爱别人的洒脱。**这不是凉情薄意，相反，这种对情感的合理克制才使你更有机会得到最好的爱情。

在学会相信爱之前，
你应该先学会保护自己。

　　如果你在一段感情中爱得太累，太委屈，太孤独，太不像自己，那就不要再强迫自己为他改变了。真正爱你的人会爱上你的全部，他只是没那么爱你而已。

　　多给自己一点时间和空间，别太快就把你的一辈子赌在一个给不了你安全感的人身上。

　　别着急，哪怕人海茫茫，你也要相信，爱你的人会穿越人海找到你。

别怕，
爱过渣男才会遇见王子

看过这样一段话：这个世界从不缺好的故事。有些故事的结局，静香没有嫁给大雄，晴子可能也就负责打开樱木花道的初恋大门。有人曾牵手但不会走到最后，就像刚好在赶不同的列车，可能就与缘分失之交臂。抑或是原本以为能长久同行的人，结果提前下了车。看似遗憾，但人海茫茫，总要允许有人错过你，才能赶上最好的相遇。还好最后是你。

有好多人告诉我：爱过太多渣男，每次鼓起勇气敞开心扉相信爱情，却被对方弄得遍体鳞伤。有的人哭得梨花带雨，有的人沉默着在深夜点起一根香烟。她们或哭或苦笑着对我说："真的，我再也不相信爱情了。"

有人说：与其承受离开他的痛苦还不如在他身边死皮赖脸地待

　　着。自尊算什么，尊严算什么，都抵不过半个他。

　　最后，她丢掉了尊严，但也没有他陪在身边。

　　有人说，我宁愿每天吃咸菜喝白粥挤公交车租房子也不要和他分离。没有钱没关系，日子苦点也没关系，只要能和他在一起。

　　最后，她没过上好日子，但也没有和他在一起。

　　太多太多人，在爱情中付出了所有却什么也没得到，她们憎恨爱情，永远都不肯原谅曾经深爱的负心人。她们咬着牙说，如果让我再选择一次，我绝不会和他在一起。

　　其实，你可以不用这么生气。你不得不承认，有拥有就会有失去，人生就是如此。但你永远都不要因为害怕结束而拒绝开始，每件事都有它发生的理由；而你身边的每一个人，也自然有来到你身旁的原因。

　　在遇到老姚之前，很多人问我相信爱情吗，我说不知道。因为爱过太多错的人，每爱一次都要付出很大的代价。然后我发现，爱上一个人很疼。

　　你原本是一个刺猬，谁都不能接近你，你觉得就这样和所有人保持安全距离挺好。但你遇到了另一只刺猬，你很喜欢他，等不及

爱是脚踏实地的付出，
爱是每日每夜的陪伴，
爱是我在你心里，
爱是有你在。

想要拥抱他。然后你发现，拥抱他会把他刺伤，你不得不把曾经那么宝贝的刺一根根拔掉。最痛苦的不是身上的刺拔出时的疼，而是你害怕失去这一层保护壳之后，会受伤害。

但爱情的奇妙之处就在于，你明明害怕伤害，却义无反顾地向他跑去。我不相信爱情，不相信海枯石烂的誓言，不相信甜蜜入骨的情话，可我相信你。

很多姑娘说：遇到太多渣男，不再相信自己会遇到王子。

傻姑娘，只有爱过渣男，你才能分辨出谁是你的王子啊。

你知道十七岁的你和二十三岁的你有什么不同吗？十七岁的你感受到了一点点喜欢就会相信这份感情并且无所谓地付出。二十三岁的你哪怕感受到很强烈的感情也无法完全相信，即使想要全身心投入，骨子里还是会有所抵触。何况，我已经二十五岁了。

那天晚上我抽着烟想了很久，是不是爱过太多错的人之后，就真的再也找不到属于自己的真爱了。

烟燃尽的时候，我也想明白了。其实我们并没有变得爱无能，也不是不敢相信爱，而是能把爱情看得更清。我们明白了，深夜里的电话不是爱，满屏幕的情话也不是爱，从嘴巴里讲出来的更不是爱。爱是脚踏实地的付出，爱是每日每夜的陪伴，爱是我在你心里，爱是有你在。

你该感谢曾经伤害过你的人，是他们让你学会如何分辨一个人是否真心，是他们让你懂得在爱情里一味付出并不会得到你想要的结果，是他们让你明白爱要用行动证明。是他们的负心、背叛、自私让你擦亮眼睛，找到你自己的王子。

人这一辈子，悲欢离合，酸甜苦辣，都要经历一遍，谁也少不了。所以，别怕，爱过渣男才会遇见王子啊。

Chapter 3

你不爱我的时候，
我走路带风

希望你下次难过的时候，
可以擦干眼泪告诉自己：
你不爱我的时候，我走路带风。

你不爱我的时候，
我走路带风

●●

已经有好多人问我：为什么你不写自己的爱情故事呢?

我总觉得爱是一样很纯洁的东西，我可以说我喜欢你，我想和你在一起。可我不能说，我爱你。

其实就是因为，我不爱你啊……

早安午安晚安是喜欢，

清晨的粥深夜的牛奶是爱。

喜欢一个人会希望他也喜欢现在的自己，

爱一个人会甘心为他变成另一个自己。

是心甘情愿为你改变，希望你更喜欢我，

而不是要求你因此更加爱我。

我有两对情侣朋友，简称为女A男A，女C男C。

男 A 和男 C 都喜欢玩 LOL（《英雄联盟》英文简称），女 A 和女 C 都不希望对方玩 LOL。

女 A 问男 A 以后能不能少玩游戏多陪陪她，男 A 立马把自己的号送给我了（我很喜欢这样的朋友）。还说，对不起我没意识到自己玩游戏冷落了你，以后不会这样了。

而女 A 也很感动，也改正了自己的一些缺点，总之两个人现在很恩爱。

然后女 C 也跟男 C 说，你看别人都能为女朋友少玩游戏，你能不能也少玩游戏多陪陪我。男 C 答应了。

有一天男 C 陪女 C 逛街买衣服的时候，女 C 挑来挑去男 C 有点不耐烦，说你能不能快点。女 C 就有点不高兴，说不是说好了今天陪我逛街吗，等下又没有其他事要做。

男 C 就火了，在商场冲女 C 说：我为了你游戏都不玩了，你却把我拉来陪你挑来挑去。买衣服这么简单的事情看好就买啊，有什么好挑的？！

这个故事告诉我们一个道理：

买衣服的时候不要挑来挑去，看到喜欢的就买啊。

哦，不对——应该是：

不要和一个喜欢玩游戏的男生谈恋爱。

哦，也不对——其实就是：

他喜欢你的时候你不能"作"，他爱你的时候你那些都不叫"作"。

生活有时候很让人难过，他喜欢你又不是爱你。就算他喜欢你，也不一定是只喜欢你。但有时候也没有那么绝望，因为，你也可以不那么喜欢他啊！

你不爱我的时候，我走路带风。

洒脱，是一件很简单又很难的事情。

都问我如何防套路，很简单，你能不能做到"不按套路出牌"。

明知道自己马上要被套牢了，这时对方叫你出去玩。你能不能说你有事不去啊？你恐怕又要说，万一他再也不叫我出去了呢？你看你顾虑这么多，你要不要担心一下万一他不想和我结婚生孩子怎么办啊？

他再也不叫你出去就不叫啊，你就去和其他帅气阳光的男孩子玩啊！

女孩子分手后不管还喜不喜欢对方朋友圈都会变伤感。

你能不能分手以后去做些以前没做过的开心的愉快的刺激的事情并且发朋友圈说自己好开心啊。

对方看到之后都会怀疑你到底有没有爱过他啊。

明明可以让前任怀疑人生你却要让他觉得自己是人生赢家，你不洒脱你活该难过啊。

你要明白，一生路很长，有很多人陪你走。失去一个过客不算

一生路很长，有很多人陪你走。
失去一个过客不算什么的，遗憾比心痛好多了。

什么的，遗憾比心痛好多了。

比如说，你一年前放不下的人，现在放下了吗？

要相信，时间会把什么都带走，不要一直难过。

你放不下的那个人，真的对你这么重要吗？

最近恶补 ACCA（国际注册会计师）的时候看到一个词，叫作"机会成本"。

解释一下，"机会成本"指为了得到某种东西所要放弃另一些东西的最大价值。再通俗一点讲，当一家厂商决定利用自己拥有的资源生产一辆汽车，就意味着该厂商不可能再利用相同的资源生产两百辆自行车。于是，可以说，生产一辆汽车的机会成本是所放弃生产的两百辆自行车。

经济学里的机会成本大多数可以用货币衡量，但是生活中的机会成本不同。

朋友 F 在高考前和男友闹分手，我劝她先准备高考然后再考虑男朋友的事。她不听，题也不做课本也不背每天都想着要怎么挽回对方，然后她高考成绩——惨不忍睹。

我不知道能不能直接用机会成本解释"男朋友"和"考上一所好大学"的关系。但是正常人都会觉得男朋友没有考大学重要。

对啊。

你窝在家里用来伤感的时间明明可以用来看书充实自己，你怀念过去哭得稀里哗啦的时候明明可以去健身锻炼，你真的一定要为了一个没那么重要的人浪费自己的时间吗？

希望你下次难过的时候，可以擦干眼泪告诉自己：

你不爱我的时候，我走路带风。

我是喜欢你，
但我也有感情洁癖

●●

　　有人问我，两个人在一起最厌恶对方哪种行为。我认真地想了想说：脚踏两只船。你不爱我了可以，没关系，说清楚，我们拜拜。我还喜欢你也好，我舍不得你也罢，都是我自己的事，和你没关系。我宁愿在感情里当个失败者，也不愿意被欺骗。没能让你爱我爱到最后是我不够好，但麻烦你别把我当傻瓜一样骗。

　　对她说了晚安之后又去问另一个姑娘"睡了吗"，送她到楼下之后又去找另一个姑娘出来喝酒聊人生。她叫你陪她逛街，你说你有事，其实是要去陪另一个姑娘看电影。那个姑娘没空陪你了，你又想起她，打电话让她来陪你。微信里不知道有多少个暧昧的姑娘，通讯录里不知道有多少个备胎，你自己心里不知道装着多少个宝贝。对于这种人我只想说：兄弟你不怕肾虚吗？

人都是自私的，不管爱情还是友情，都希望自己的利益最大化，这没什么不好。因为有道德标准衡量，所以大多数人不会做出出格的事情。也就是说，在爱情里你渴望对方多爱你一点，为你付出多一点，这没错。但最起码的道德和尊重你要有。

我以前一直在想，为什么我们要确定恋爱关系。就算不是情侣，只要两个人愿意，也可以约会接吻。之所以确定恋爱关系，就是说有一个基本的原则在约束着我们。她是你的女朋友，所以你只和她约会接吻。如果你想和别人做这些事，那麻烦你麻利点说分手。

和一个人在一起的时候喜欢上另一个人不可耻，感情这东西本来就说不清。但和一个人在一起的时候喜欢上另一个人，又死拖着对方不分手，耽误对方的青春，浪费对方的感情，那就是你的错了。别人吃饭都一碗一碗地盛饭，你直接把一大锅饭端走，你过分了吧！

有个姑娘告诉我，她发现男朋友出轨了，舍不得放手但是心里一直不舒服，想让我开导她怎么才能想开点。我很想骂人，为什么总是有人在爱情里委屈自己。出轨的是他，你不仅不分手，还来问我怎么才能看开点。

你喜欢他没关系，但感情洁癖这东西我希望你有。外面诱惑那么多，你该找一个一心一意只为你的人在一起。现在慢慢地看透，

我是想和你在一起，
但我想拥有完整的你。

这个年纪很难走到以后，我可以接受有天会和你分手，但我希望我们之间没有谎言缠绕在心头。

　　我是想和你在一起，但我想拥有完整的你。

　　我不愿每天和你说过晚安之后还要猜测你到底有没有睡去，也不愿和你道别之后怀疑你一会儿要和谁去哪里。

　　最无能为力的一句话是：你去哪儿，和谁，回来的时候还爱我吗？

　　爱是一件很神圣的事情，我想认真对待。所以，如果我不是你的唯一，我们也就没必要再纠缠下去了。

　　我喜欢你不代表我会放弃我自己。该要的面子我还得要，该有的自尊我也得留，该放手的时候，我也会放手。

　　我是喜欢你，但我也有感情洁癖。

面包我自己挣，
你给我爱情就好

●●

前天和闺密去逛街，买了几件化妆品，看到卡里余额少了一大截。

那种心痛的感觉，我真的没办法用文字描述出来，但我相信，你们会懂。

然后我说：突然觉得有一个有钱的男朋友真好啊！

然后她说：可是你以前的男朋友普遍不是很有钱，比如×××。

我们谁都没再多说话，好像触碰到一个雷区，静静地等待爆炸。

我记得那时候上学，爸妈给的零花钱很少。

没有下午茶，没有电影看，没有贵重的礼物。

每到节日只能去肯德基吃全家桶，这是很奢侈的庆祝方式。

有一次情人节，他骑山地车到离家很远的玫瑰园，给我买了九支玫瑰花。

有一次我过生日，他说：虽然我现在不能买很贵的礼物给你，但我以后一定会给你最好的生活。

那时我想：面包我自己挣，有你就好，你给我爱情就好。

我有一个朋友，高中的时候和一个混社会的男人谈恋爱。后来和他私奔，男人逼她去夜总会工作，每个月挣的钱都一分不少地交给他，还要忍受他的怀疑和责骂。后来她遇到了一个对她很好的男人，他能给她足够的钱和关心，但永远都给不了她一个家。很多人觉得她为了钱什么都能做出来，提起时满脸的不屑和鄙夷。

后来我们坐在床上抽烟聊天，她缓缓吐出一个烟圈说：我曾经觉得面包我们可以一起挣，有他就好，他给我爱情就好。

可后来发现，我不仅没有面包，我连爱情都没有。

听过很多人说一些女孩太拜金太势利，我不反对。

但我相信她们当中有的人起初想要的只是爱情。

后来才发现自己多天真多可笑。

曾经相信没有物质的爱情只要有真心就够了，后来明白爱情其实是奢侈品，面包才是必需品。

没有物质并不可怕，只要你们的爱够深够坚定。可怕的是其实根本没有爱情，就连物质都没有。

朋友有一次对我说，和一个男孩聊得不错，准备见面。

两人都明白，接下来是吃饭看电影开房然后拜拜。

结果男孩带她去吃了——兰州拉面……

然后去公共公园看了看——绿草地……

最后还让她去他和朋友合租的房子里——过夜……

朋友说，她当时转头就走了，对方还追上来问你哪里不开心。

"呵呵，我哪里不开心？"

我听完要笑疯了，可能有的人会说，这也太物质了吧！两个人谈恋爱吃拉面逛公园不是很正常吗？

麻烦你看清楚前面，这并不是谈恋爱，这就是一场各取所需的隐秘交易。

如果你想和我好好谈恋爱，愿意只对我一个人好，不撩其他人。

那我也能每天和你吃拉面，不花钱牵手逛公园。

但你并不想。

你想要的只是有人陪不孤单，并不是牵我手一直往前走。

在吐槽姑娘物质之前，麻烦先摸着自己的心问问：

你真的想好好爱她吗？

每次有女孩子在朋友圈晒出男朋友送的爱马仕、CL、纪梵希，就一定会有人在心里想：不就是找了个有钱的男朋友吗？势利狗！

对于这种人，我只能说：你们永远都吃不到葡萄。

所以，也别浪费时间说葡萄酸了！

我妈每个月工资一分不少全都交给我爸，家里的钱都在我爸手里管着。

为什么？因为结婚生子过日子了啊！

我们是一家人，我的钱就是他的钱，他的钱就是我的钱，哪会分什么彼此？

因为他们爱得够深，所以买包买鞋买化妆品根本不叫送礼物。而是，给家庭添一个物件，就像买家具一样。

你会说：哎呀老公，你送我一个沙发好不好？

爱你的人会主动为你花钱，

爱你但没有钱的人会努力挣钱为你花钱，

不爱你但有钱的人会等你开口再为你花钱，

不爱你还没钱的人会嫌你整天就知道花钱。

除非你心甘情愿就是要倒贴着和他在一起，不然你最好先好好想想。

我知道这样说可能有很多人觉得我太过分了，但我还是要说出来：对于女孩子来说，钱和爱情，你必须图一样。别到时候什么都没得到，白白浪费了自己的青春。

要么给我很多很多钱，要么给我很多很多爱。

　　你可以说我势利可以说我自私，面包我可以自己挣，那你能给我爱情吗？你给我爱情了吗？

　　如果你还没遇到能给你爱情的人，就好好努力先把面包攒够。为的是有一天你能和喜欢的人说：你给我爱情就好了，面包我有。

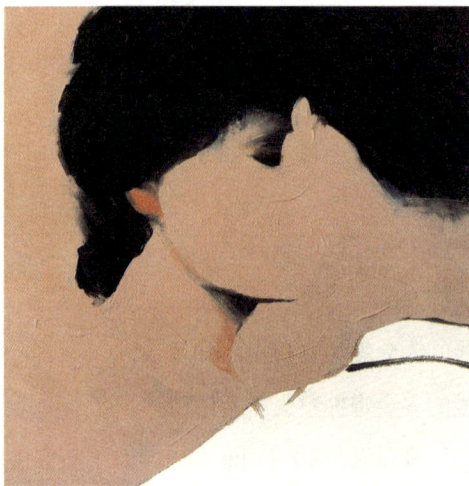

　　要么给我很多很多钱，
　　要么给我很多很多爱。

喜欢就追，不合适就分，放不下就找新欢

好几天没回微博私信，打开一看全都是情感问题。"带风，我喜欢一个男孩子好久了，但是一直不敢告诉他，我该怎么办"，"带风，我和女朋友在一起感觉很累，但不知道怎么向她开口"，"带风，和她分开一个月，每天都在想她，我该怎么办……"说实话，看到这么多私信，我头挺炸的。小吴（就是公众号二条作者，自称"吴彦祖"）问我要不要帮我回消息，我说不行，私信一定要我自己回。过了一会儿，他给我发了张图，"你把这个发上去就行了。"

不必为情感上的事找我开导了

只有一句

不合适就分

忘不掉就去找新欢

之所以我会如此刻薄冷漠地说出这句话

是因为我太了解为情所困的人

只要自己还没被伤够

旁人所有苦口婆心的开导语就只是左耳朵进右耳朵出的废话

我默默地又加上一条"喜欢就追"。

喜欢就追，

不合适就分，

忘不掉就去找新欢。

对于爱情，我只想说这三句话。

喜欢不去追，你非要等她家破产你奋斗成百万富翁然后救她于水深火热之中？

喜欢不去追，你非要等他遇到恐怖分子然后你冲上前去帮他挡了那致命一刀？

生活就是生活，不是琼瑶剧，不是玛丽苏小说，不是好莱坞大片。

如果你现在不勇敢地去表白，将来有一天，你喜欢的女神会突然来找你，让你去她朋友圈第一条帮她儿子投票。

如果你现在不勇敢地去表白，将来有一天，你喜欢的男神会突然发消息，问你哪种姨妈巾比较好要买给他女朋友。

如果你现在不勇敢地去表白，所有的喜欢，都只能成为你将来回忆时的遗憾，是你永远都无法填补的缺口和不甘。

有人问，可是我不知道怎么追她啊？

你连喜欢就追的勇气都没有，告诉你方法，你还是不敢。

我也写过撩妹／汉教学，可你还在纠结到底要不要主动一点。

你一个星期的纠结不如一句"一起看电影吗"来得实在。

你说不出口的"我喜欢你"不如节日送的一束玫瑰有效。

方法多得是，只是你还不敢主动。

追了被拒绝怎么办？要么死皮赖脸继续追，要么趁早拉倒。

灰什么心丧什么气啊！我还想去追周杰伦呢，你觉得我行吗？

总之，喜欢就追，追不上就拉倒，又不是没有他你不能活。

起码，勇敢试过，你就不会遗憾，毕竟缺陷也是一种美好。

不合适还勉强自己继续，那你对自己也是真够狠的，上辈子欠你自己了吧？

有人说，两个人也有感情了，说分就分，你心也太狠了吧？

对，我是心狠。如果我发现两个人在一起根本不合适，我不可能将就。

再贵的鞋子只要磨脚就不要穿；

再美的衣服只要不合适就扔掉；

谈恋爱不是买东西，最好的不一定是最合适的；

谈恋爱像是买东西，你有权选择并且有权拒绝。

你在逛街时看到一件喜欢的衣服，拿去试衣间穿上，

你站在镜子前发现它并不适合你，你还会去付款吗？

你不想浪费钱在不适合的衣服上，那青春和爱情呢？

你为什么要把青春和爱情浪费在一个不适合你的人身上呢？

当初你们并没有发现对方不是自己想要的人；

当初你们并没有发现对方不是适合自己的人；

现在你们发现了，为什么还要坚持错下去呢？

放手的过程可能很疼，但长痛不如短痛的道理你也懂；

甜蜜的回忆很难放下，可不适合的注定不会永远甜蜜。

你不要滥情，但也不要遇到一个人就下决心要和他走到最后。

其实你明白，这个年纪的爱情很难修成正果，可能只是彼此的过客。

所以，及时放手并不是花心不专一，而是对彼此的未来负责。

放不下前任的原因无非两种：一是真的爱，二是时间不够长、新欢不够好。

如果你丢了一部 iPhone 6，妈妈知道后又给你买了一部 iPhone 6s，你还是很高兴；

如果另一半对你说分手，而你爱慕已久的女神却对你表白，你还是会不由自主地笑起来。

放过你自己，爱护你自己，
珍惜你自己，会有人来爱你。

其实人们并不是害怕失去，而是害怕失去以后没有更好的可以替代。

我以前曾写过，朋友问我：放不下自己的约炮对象怎么办？

我开玩笑说：多睡几个就好了。

我并不是说人要滥情，但是如果你放不下，麻烦你去和其他阳光帅气的男孩子多聊聊天；麻烦你去和身边优秀的女孩子一起看看电影；麻烦你别让自己呆在失恋伤感难过的沼泽里；麻烦你爬出来洗干净收拾好去找更好的新欢。

你可以不承认，但大多时候，失恋之后的难过并不是害怕对方离开，而是害怕自己孑了一身无人陪伴。

可你不，你偏要继续演自己的内心戏，告诉自己我很爱他我要等他回头。

好啊，那你就使劲哭，看他会不会心疼你回来找你。

我买了一个汉堡，没吃两口就掉到地上，我很难过。

可是我肚子很饿，所以我又去买披萨吃，填饱肚子。

你想要被人爱，你想去爱一个人。

既然他不能爱你，也不愿被你爱。

那你就去找别人，能爱护珍惜彼此。

这并非滥情花心，没必要在一棵树上吊死。

对于前任，还爱就去挽回，挽回不了就放下，放不下就去找新欢，不想找新欢就去找别的事做，分散自己的注意力然后让时间带走这段感情。就这么简单。

你可以为爱难过，为爱流眼泪。

但你要记住，难过一夜就够了，眼泪流一晚就可以了。

第二天你擦干眼泪，变回最自信的自己，对伤害过你的人竖一个中指，在充满套路或温暖的路上，继续走下去。

放过你自己，爱护你自己，珍惜你自己，会有人来爱你。

Chapter 4

要是来日方长，
谢谢你能懂我

24 St
Downtown

人都会改变，
不管你的另一半有多糟糕，
世界上也没有第二个她。

恋爱中一定是女孩子"作"吗

昨天有个读者问我：你觉得女孩子在恋爱中的那些"作"到底是不是因为爱？

我说：要看是哪种"作"，有的女孩根本不是作，却被扣上"作死"的帽子。

她告诉我，她的男朋友经常玩游戏，有天说好一起去看电影，她精心准备了三个小时，一切都收拾好以后，打电话问男友：你在哪儿呢？结果男友说：我这边下午有比赛，就我一个 ADC（在游戏《英雄联盟》里指射手），我不去不行，你找闺密去吧！她刚想再说些什么，电话就被挂断了。再打过去，是忙音。

那天她没有出门，在家看了一下午电视，等男友忙完。结果一直等到晚上十点多都没有对方的消息，再打电话过去，是冰冷的女声："对不起，您拨打的用户已关机。"

那天她失眠了。第二天男友打电话过来时，她问他：昨天你干

吗去了，找你都找不到。男友说：不是和你说了吗，我有比赛。她
又问：可是比赛总不能比一晚上吧。男友突然不耐烦地说：和你说
了我有事就是有事，动不动就怀疑我，你们女孩子也真是作！

　　她问我，有时候问他是和哪个朋友出去玩，他就会很烦，我是
不是太作了。

　　越来越多的人说女孩子在恋爱中太作，就连很多女孩子都开始
觉得自己太作。每次听到有女孩问我"我是不是太作了"的时候，
我都会想，天哪，到底你是被谁洗脑了，洗得比立白洗衣粉洗得还
干净？

　　有些女孩胡搅蛮缠，过分矫情，的确很作。
　　但不知从何时起，女孩子的正常反应也被戴上"作死"的帽子。
　　因为我玩游戏就和我发脾气，太作。
　　来姨妈的时候对我态度不好，太作。
　　下雨天非要吃那个店的东西，太作。
　　不让我和兄弟去夜店玩骰子，太作。

　　真的很想问问这些人：哪作了？哪作了？
　　你想找一个女朋友，但是她什么都得听你的。
　　她不能干涉你的个人生活，不能提出任何要求。
　　她必须随叫随到，但她需要你的时候你可以不在。

她不能妨碍你撩妹，也不能穿露大腿的衣服，更不能有男性朋友。

嘿，兄弟，你看今天太阳大吗？该醒醒了！

你就是买个飞机杯还得定时清洗，买个充气娃娃还得给它打气，你女朋友生气了你懒得哄就说她作，你女朋友难过了你懒得理就说她作，那她要你干吗啊，打炮吗？

都说女孩子在恋爱中太作，呵呵，你追她的时候怎么不嫌她作啊。

阿水问我，你说为什么男生追到女生以后就会变呢？我男朋友追我的时候对我特别好，经常给我买早餐，周末带我去游乐园，每天晚上都陪我聊一会儿天。可我俩在一起以后，他再也没有给我送过早餐，更别说周末一起出去玩。每次我说我想看电影，他都说这周末去，可到了周末他不是睡觉就是玩游戏。每天聊天越来越少了，到晚上说一句"宝宝，我今天很累，先睡了"就不管我了。我想要的真的不多，我也知道恋爱以后不可能像他追我的时候那样，但是也不至于差这么多吧？起码的关心和陪伴，他都不想给我，我有时候真的憋不住了冲他发火，他就说我作。

阿水的经历让我想起我妈手机彩铃《香水有毒》里的一句歌词：

我的要求并不高，对我像从前一样好。

可是有一天，你说了同样的话，把别人拥入怀抱。

老说自己女朋友不讲理，乱发脾气，你怎么不想想她为什么这样？

你说你想了很久都想不明白，你说你真的感觉很无辜。是啊。因为你变了。

你追她的时候能记住她的大姨妈周期和生日。

你追她的时候能记住她最喜欢的食物和颜色。

你追她的时候能记住每天提醒她多吃饭多喝水。

那为什么你追到手以后，就瞬间失忆了？

你说你累了，想找一个情商高懂事的人陪你度过余生。

可是女生在爱的人面前，永远都不会懂事。

因为信任你，在你身上有安全感，所以她觉得，你永远都不会离开。

她怎么不去和同事发脾气啊？她怎么不找老板诉说委屈啊？

你以为的那些"作"只是女孩对你的依赖。

而你厌倦她"作"只不过因为你不再那么在乎她。

今天我发了一条朋友圈：在恋爱中只有女孩子才作吗？你们的男朋友是怎么"作死"的？

有一个读者直接给我评论了这几句话：

1. 你这样想我也是没办法了。

2. 你一天到晚这样有意思吗？

3. 你怎么又发脾气了？

4. 我又哪惹着你了？

5. 随便吧，你爱怎么样就怎么样，我没办法了。

呵呵，这不就是男人惯用的撇清责任五大名句吗？

都在讨论女孩子到底有多作，罪状三天三夜都说不完，好像恋爱中从来都只有女孩子在作天作地作大死，可有些男生呢？

动不动就玩失踪，让对方提心吊胆还不能有一句抱怨。

你撩妹是清白的，对方不能怀疑不能质问不能发脾气。

朋友圈不秀恩爱，和女性朋友出去玩倒是发一堆照片。

我想了想，全世界估计只有你妈能忍得了你。

我在以前一篇文章里写过：

男生爱你的时候，你的那些作都不叫作，叫撒娇。

他不爱你的时候，你多说一句都是错的。

别再觉得自己作了，先想想对方到底还爱不爱你。

女生不是只会发脾气闹情绪，如果你觉得你女朋友太作，麻烦你先想想自己是怎么对她的。

所以，别再说我们太作。这个黑锅，我们不背。

你要记住，
我给你的感觉别人给不了

想爱就别做作，不需要告诉我你遇到一个人和我很像。

说白了，打几支玻尿酸谁和谁都像。

但你得记住，我给你的感觉别人给不了。

洛洛和女朋友分手时特别潇洒地对她说：你以为我会忘不了你吗？这年头，打几针玻尿酸谁和谁都像。大街上好看的女孩多了去了，你好自为之。结果一个月后，他叫我们出去喝酒，边喝边哭着说：我遇到很多和她很像的人，但她给我的感觉，别人给不了。她离开我以后，我突然觉得，满街的野狗，只有她是我想要的人。我听完就笑了，早知今日，何必当初？

很多情侣在一起时间久了，就慢慢感到厌倦，开始莫名其妙地嫌弃另一半：她怎么这么烦，以前没发现她这样啊；他为什么这么无聊，以前感觉他挺有趣的。有的人会抛弃这些乱七八糟的想法，继续和对方在一起。有的人会把这些想法放大，渐渐地看对方哪里都不顺眼，同时觉得其他异性哪里都比她（他）好。

　　在一起久了，觉得厌倦无聊是一个必经的过程。人们都说，要找一份自己感兴趣的工作，这样不会觉得厌倦。其实我们都明白，就算你在做自己很喜欢的事情，时间长了也会感觉累，遇到瓶颈期时也想过放弃。就连上床做爱，你还得休息休息，更何况别的事。

　　那些因为感到倦怠就分手的人中，有些很快找了新的伴侣，重新开始"被吸引——感觉无聊——分手"的死循环。身边的人换了一个又一个，但他感觉，从来没有一个人能真正走进自己心里。其实，不是因为别人走不进他的心，而是因为他想要的只是刺激。也有些人，很久都没有再恋爱，因为他们发现，当初那个人的日夜陪伴已经在自己身上刻下烙印，无论走到哪里，都忍不住寻找她的身影；无论遇到什么人，都习惯拿来和她对比。然后才发现，她给自己的感觉别人都给不了，但她已经不在身旁。

　　两个人在一起的原因有很多，可能是因为欲望，因为好奇，因为刺激，但能维持两个人一直走下去的原因，一定是你给他的感觉，别人都给不了。

　　如果你和另一半在一起感觉疲倦了，先别急着说分手，不妨先想想，当初为什么拼尽全力也要和对方在一起。错过一场电影、一场演唱会，错过一件很喜欢的衣服、一家很喜欢的餐厅，都不是什

维持两个人一直走下去的原因，
一定是你给他的感觉，别人都给不了。

么大事，可如果你错过了真正爱的人，会是一辈子的遗憾。

　　大树就这样错过了他最爱的女孩。他们在一起时，出去吃饭，女友总是习惯先仔细地把餐具用开水烫一遍，然后给大树她随身携带的小瓶洗手液，叮嘱大树仔细洗手。大树吃饭急，每次吃面，嚼两口就直接吞下去，每次女友都盯着他，一口至少嚼五下，才能咽下。刚开始大树觉得，她对他挺好的。可后来，他觉得倦了，觉得她越来越烦，这些小事都要说好多遍，唠叨死了。有次大树带着女友和哥们儿吃饭，女友把洗手液给他让他去洗手，他不去，说擦擦就行了，脸上满是不耐烦。吃饭的时候，女友又叮嘱他多嚼几下，他受不了了，一摔筷子冲她喊：你烦不烦？每次吃饭都得啰啰唆唆一堆，要么安安静静地吃，要么滚！她低着头不说话，眼泪一颗一颗往下掉。大树一看她哭了，有点心疼，就说：我也没有别的意思，你别往心里去啊。

　　第二天我们准备去大树家打麻将，一进门，满屋的酒味，地上都是散落的酒瓶。大树一脸沧桑，红着眼眶说，她走了。

　　后来大树也遇到过很多女孩，每次和对方吃饭的时候，他都问人家，你带洗手液了吗？对方都会用鄙夷的眼神看着他说，带那玩意儿干啥，洗手间不是有吗？大树说，再也没有人为他随身带着洗手液，也没有人给他用热水烫餐具，更没有人提醒他吃饭慢点。大树说他怎么也没想到，曾经厌烦到骨子里的事，竟会成为日后想都不敢想的奢念。

处于热恋期的我们，总会忽略对方的缺点，心里觉得能和对方在一起就是天大的幸运。然而热恋期一过，就开始对对方的缺点耿耿于怀。人的精力终究是有限的，热恋期的生活很甜蜜，因为彼此是彼此生活的中心。可生活中会有很多事情需要我们去顾及去考虑去为之努力，精力一定会被分散。刚开始你们每晚聊天聊到凌晨三点，内容没有丝毫营养，不过是醉人的情话，可你心里还是觉得很满足。热恋期一过，你会发现两人之间的话题越来越少，不知道聊什么好。你开始觉得，自己好像没有那么喜欢他（她）了。你开始考虑要不要分手，要不要结束这段看似无聊的感情。

但其实，这只是热恋期结束而已。我们的父母相伴这么多年，每天不过是柴米油盐酱醋茶，情话说多了会腻歪，只有陪伴才最珍贵。

有时候你会遇到一个人，他追你的时候是用心的，和你在一起的时候也是认真的。但后来不知为何，他越来越冷淡，越来越疏远。你开始心慌，担心对方有天会离你而去。你开始反思自己哪里做得不好，哪里让他感觉不开心。但其实，你该找个能和你慢慢变老的人在一起。有人追求的是暧昧时的你侬我侬，有人享受的是热恋期的海誓山盟，但这都不是爱啊。你不该把自己的青春浪费在不值得你托付的人身上。

　　我曾经很想抓住所有要离我而去的人，拼了命地想弄懂，为什么曾经植入骨髓的爱，有天会变得如此冷漠陌生。好像这个年纪的我们都深藏着一个不长不短的故事。曾经拥有却又失去，也曾拼命死守一份感情，最后输得一败涂地还自欺欺人誓不罢休。在很多个起风的夜里几度恐慌再也遇不到那样一个人了。但其实，遗憾总会和年轻紧紧捆绑在一起，如果你无能为力，那就算了。不如这次把酒喝够，把烟抽完，明天继续微笑着过吧。

　　你可以和别人暧昧，也可以和别人上床，我该放手的时候自然会离开。我是喜欢你，可我不能一辈子不要脸啊。但你要记住，我给你的感觉别人给不了。

　　既然关心和陪伴都是打扰，那么孤独才是最好的救赎。
　　祝你在孤独的路上，越走越好。

我是困不住的野马，
却也想做你怀里的猫

●●

　　有时候我想，我这样一个原本无酒不欢无烟不悦，不吹气球就睡不着觉的人，现在怎么会为了你改掉这些陪伴我这么久的习惯，想要变成一个作息正常的人？

　　有一次分手后找朋友倾诉，她安慰我说："没关系，恭喜你又可以开始放荡的生活了。"我苦笑着说："是啊，以后去夜店熬夜，终于没人管了。以后就可以大胆地放开玩了，不用担心有人会生气，手机没电了也没事儿，不会害怕有人找不到我会着急。"我终于，又变回那只野马了。

　　只是为什么，这么开心的事，说完眼睛就红了呢？

　　叮当和男朋友在一起的时候很乖，每天十点准时回家，洗完澡躺在床上和他视频，互道晚安然后安心入睡。每次我们开玩笑说：

"以前那个一到天黑就叫我们出去摇色子的夜店小公主不见了。"她都一脸甜蜜地说："因为现在我有喜欢的人，有他就足够了。酒才没有那么好喝，夜店也没有那么好玩。"

叮当曾经以为他们会一直在一起，她再也不用喝苦烈的酒，再也不会抽伤嗓子的烟，再也不用在深夜化好妆蹬上高跟鞋，再也不会堕落在喧嚣的夜晚。他说分手的那天，留下的最后一句话是：我走以后，你一定要保持现在的生活状态，一定要学着照顾好自己。

分手当晚，叮当把我们几个从家里拖起来，她红着眼说："真好，我们又能在一起喝酒了。"我们换好衣服出门，那晚大家都喝了很多酒，准备回家时，发现外面下着很大的雨。叮当说："你们能陪我淋淋雨吗？"我们淋着雨走在马路上，手里的烟被雨点浇灭。叮当说："其实分手也不是件坏事，再也没有人管我，再也没有人打扰我，我终于可以想做什么就做什么了。我也想好好生活，可现在就算我每晚早回家，也没有人陪我视频，就算我不去喝酒，也不会有人带我去看电影。"

我咳嗽了一声，说："或许我们本就是浪子，却又渴望有人陪。总是安慰自己说拥抱过就足够，其实心里都想有个以后。"

我问过很多人：如果有个人真的爱你，肯花心思照顾你，肯花时间陪你，你还会去喝酒吗？

所有人的答案都是：不会。

她们还会再加一句：可不会有人真的爱我。

和你在一起的时候，我会说想出去喝酒，你每次都说那你去吧。其实，我根本不想去喝酒，我只不过是想让你多陪我一下。有时候你对我说："你经历了这么多，很难再动心了吧。"我抽根烟，点点头。但其实我想说："笨蛋，我已经对你动心了啊。"

如果可以，麻烦你看穿我的逞强，麻烦你看透我又酷又冷什么都不在乎背后的渴望。麻烦你别像个傻子一样，以为我只是一只困不住的野马。没错，我是一只困不住的野马，却也想做你怀里的猫啊。

我一直觉得，想知道一个人爱不爱你，不要看他为你做了什么，而是要看他为你改变了什么。

我一直不喜欢吃寿司，上高中的时候却会每天五点起床为他卷寿司，然后放进便当盒里，早读结束后给他送去。我学了很久，浪费了很多米饭和鸡蛋。大概那是第一次明白：爱一个人不只是给他你能给的，还会为他去做那些你原本做不到的事。

如果有人愿意为你改掉他保持了很久的生活习惯，如果有人愿意为你收敛他的臭脾气，如果有人愿意为你抽出更多时间，你千万不要把他弄丢。每个人都有很多面具，人们擅长伪装最真实的自

如果你在乎他，记得抱抱他，
小声告诉他，我在这儿呢。

己，因为怕疼。如果你在乎他，记得抱抱他，小声告诉他，我在这儿呢。

其实现在两个人遇见后，有一方能鼓起勇气主动伸出手很难得。我们都要面子，又怕受伤，之所以能先开口，还不是因为真的喜欢你。

我们都有不堪回首的过去，有永远都抹不掉的记忆。从前我总是活在回忆里，不愿面对每天的阳光，遇到你之后，我开始想认真过好每一天，和你在一起。可不可以，不管从前，不想以后，就这一秒，抓住我的手？

人们都说，得不到回应的热情应该适可而止。嘴上说着我会等你，心里也清楚我只能等你一段时间。这时间可能是一个星期，一个月，一年，也可能是一辈子。有时候想想，不能和你一直在一起这实在是太糟糕了。所以，你不要害怕我，也不要推开我。

我是困不住的野马，却也想做你怀里的猫。

你每天这样熬夜，
有人心疼你吗

●●

连续很多天都是天亮之后才睡觉。别人问我，你晚上不睡觉都在干吗。我马上回答，写稿啊，书稿还没交呢。但其实，我一个字也没写。之所以熬夜，不过是因为心里有牵挂的人和未完成的事吧。

别人问你怎么还不睡，你说不困。其实熬夜很困，打个哈欠都会有眼泪流出来，只是心中一直有所期待，有所牵挂。就好像下一秒就会收到喜欢的人的消息，下一秒就能遇见一个惊喜。又或者，熬了太久却迟迟得不到自己想要的结果，渐渐地习惯了孤独。

为什么会熬夜呢，大概是因为白天的自己太理智，太冷漠，好像什么都不在乎。所以有些情绪和思念，心酸和不舍，是要留到深夜独自慢慢消化的。白天的自己和晚上的自己完全不是同一个人啊，白天口口声声说一定早睡，晚上却从来做不到。像失忆一样拿命熬夜，白天开开心心无忧无虑，晚上却忧郁得不行。白天觉得我最牛逼，晚上却变成世界第一大傻逼。

总觉得幸福的人是不用熬夜的，每天都有规律地生活，爱的人就躺在身边；现在过的是想要的生活，手里牵的是喜欢的人。

昨天有人问我，为什么你晚上不睡觉。

我想了很久，已经两三年没有在两点之前入睡过了。但我也说不清为什么。那个人突然给我发了一段话，我觉得，这就是我熬夜的原因，也是很多人熬夜的原因。

你总是习惯熬夜，然后我也故意很晚都不睡。装作是和你一样睡不着，这样就可以和你聊很久，可是你都不知道其实我要困死了。后来你走了，熬夜的习惯却怎么都改不掉了。

说片面点是熬夜，说实在点是失眠，说实话是想你。

你有没有过，为了陪一个人聊天，其实下一秒已经要睡着了，但还是死抓着手机不肯睡。你有没有过，因为一个人的一句话，明明很困却突然变得很清醒，开心和喜悦赶走了所有困意。

你有没有过，为了等一个人的晚安，不停地刷着朋友圈发着动态，其实只想让他看到你还没睡。

你有没有过，因为太思念一个人，每天都害怕深夜来临，害怕孤独，害怕寂寞，害怕牵挂的感觉。

我知道，你都有过。

可是，你每天这样熬夜，有人心疼你吗？

前天晚上一个作家姐姐突然发消息说：妹妹，钱是挣不完的，别累着自己，身体最重要。昨晚她发现我又在熬夜，给我发消息说：一定照顾好自己，莫名心疼你。

我很感动，又觉得很可笑。一个没见过面的人看你熬夜都会心疼，会劝你照顾好自己，但你每天熬夜想着的那个人，没给你发过一条消息。第一次见面的陌生人都会劝你少喝酒少抽烟，素不相识的微信好友都会让你早点休息，可你抽烟喝酒熬夜在等的那个人，从来都没在意过你，连一句晚安都没有。

我经常给别人讲道理，永远不要为了一个不爱你的人折磨自己。但这句话其实就像放屁，因为一旦爱上一个人，就没办法控制自己。我们在爱情里，从来都不是理性的。后来有人问我，怎么忘记一个人。我说，把酒喝够，把烟抽完，把黑夜熬成天亮，等你真的感觉疼了，你就忘记了。不撞南墙不死心，大概就是这个道理。别人苦口婆心的劝说，其实你一点儿都听不进去。你害怕失去、害怕背叛、害怕从未拥有，你害怕的太多、心事太多，所以很难入睡。那你就熬吧，等熬过了这一阵，你又会觉得其实生活还是很美好。

你要记住，所有关于感情的问题，都不要在深夜做决定。无论分手还是牵手，无论坚持还是放弃。因为女人啊，从来都不是理性的动物，再加上深夜里的一杯红酒，一根香烟，感性越发强烈。

我已经两三年没有在两点之前入睡过了。
那个人突然给我发了一段话，
我觉得，这就是我熬夜的原因，
也是很多人熬夜的原因。

五年前第一次听梁静茹的《问》，歌里唱，如果女人，总是等到夜深，无悔付出青春，他就会对你真。

那时候真的傻到相信，用心爱一个人，就能把他留在自己身边。现在才明白，在一起一辈子这种事，不是嘴上说了就可以。外面的诱惑那么多，人的欲望那么大，而你能给的爱，其实就这么多。

后来我经常说，如果爱一个人又不可得，那就找个爱自己的吧。别太累，别付出太多，别太委屈。你说你爱他所以无所畏惧，但你的感情和耐心其实就这么多，你无法永远输出。

总有一天它们会因迟迟得不到回应而枯竭。等到那一天你会发现，哪怕再遇到喜欢的人，也没有力气去喜欢了。所以，既然每天这样熬夜也没人心疼你，不如自己心疼自己。喝杯酒，抽根烟，和朋友聊聊天，然后洗把脸睡觉。睡不着就闭上眼，别想乱七八糟的人和事。嘴上都说一辈子还长，其实你就只能活几十年，少爱人，多爱自己。

失眠是一种绝望，有时候绝望没有终点，有时候绝望拥有尽头，快到尽头的时候你就能睡着了。

我每天都在等这个尽头。

愿你众多好友环绕，
我不凑热闹

无论你是多么优秀的人，在自己喜欢的人面前，都会觉得自卑吧。

想起你时，总觉得自己胖了一点儿，丑了一点儿，笨了一点儿。

当我看到，你和身边的人说笑，突然而来的自卑感弥漫全身。

越多人靠近你，我就越想远离。

占有欲是什么？

大概就是，如果你对我的好和对别人一样，那我就不要了。

虽然我很喜欢你，但我不愿将就。

我宁愿错过，也不愿错。

我宁愿独自忍受放手后的心酸难过，

也不想在你身边做一个永远不会被注意的观众。

如果你对我的好和对别人一样，那我就不要了。

虽然我很喜欢你，但我不愿将就。

昨天有个女读者问我：有一个男孩儿，每天都会找我聊天关心我，但我对他没有感觉。我也和别的男孩聊天。可是最近他不主动找我了，我有时候故意问他一件小事儿，他也很冷淡地回答我。他是不是一开始就没那么喜欢我？

那么，你是怎么对他的呢？

简单点儿说，有个人喜欢你，你没接受他，他说他不会放弃会一直等你。你把他当作备胎，高兴就聊几句，不高兴就不回消息，把他的所有付出都当作理所当然。

有天他认识了另一个人，他们很聊得来。你开始疑惑他为什么不像以前一样，你百年难得一次主动找他聊天，试探他对你是否像以前一样百依百顺把你当女神。你觉得地位垮塌，他没心没肺。

可是，没有谁是因为一时冲动而离开你。那些难过无助又一次次忍耐的眼泪你都看不见，就像堤坝下逐渐因侵蚀而拓宽的裂缝。你看见的，只是它崩溃的那个瞬间。

没有谁能够一直等你，攒够失望的人自然会放手。
爱是积累来的，不爱了也是。

所以，我很喜欢你。
不过，是时候放手说再见了。
你刚发了朋友圈，和你一起唱 K 的姑娘很美。
你又更新了微博，陪你喝下午茶的人是谁。

微信里几千好友，又有多少星标多少置顶。

刚喜欢你时我浑身都充满力量，
了解你的生活后我又那么无助。
你每天过得丰富多彩，而我只是甲乙丙丁。
所以，愿你众多好友环绕，我不凑热闹。
去超市时脑海中会浮现有天和你一起出门买菜，一日三餐。
独自看电影时会想有天和你一起看新上的电影，拥你入怀。

我觉得你那么高冷，如此遥不可及。
可后来我才明白：
不能为我做的事，你为别人做了。
原来不是不可以，而是我不可以。

这个时代的爱太容易了，看见一张好看的照片就高呼爱上。
因为某件道听途说的事，就分分钟转为路人。
每个人都好像爱过很多次，每场爱都渺若微尘。
我向来比较擅长的自我保护方式是一旦察觉到对方的冰冷态度
就自觉退避三舍，从来不会想要去焐热这段关系。
所以如果你觉得我对你没有从前那样热情了，
你要记得，我依旧爱你。只是，不再喜欢你了。
够我死心了，当你沉默地高调，当我历尽低潮，为何尚要打扰?

你说你在爱情里不委屈，
其实有人在替你受委屈

朋友水水和男友吵架，跑到我家睡。她窝在沙发里说："我真的，不想在爱情里再受一点儿委屈了。"

我漫不经心地说："可人在爱情里一定会受委屈，如果你在爱情里没受过委屈，那肯定是有一个人在替你受着你本该受的那份委屈。你和老三在一起的时候，不也没受委屈吗。可你现在想想，当初他有多委屈。"

水水突然沉默了。

和老三在一起的时候，水水没受过一点儿委屈。老三原本住在一间十平米的小房间里，水水说想搬去和他一起住，他立马把学驾照的报名费拿出来租了个黄金地段的套间，又拿着原本打算给爸妈的钱去逛了趟宜家。水水逛商场时看上一个新款包，说单位里很多女同事都换包了，老三一咬牙刷了卡。水水说突然想看电影，老三推掉了领导安排的工作，请了假陪她去看。水水经常有朋友叫她去唱歌喝酒，老三一个人看着电视等她回家。

水水说她爱老三，因为老三从不让她受委屈。

老三也爱水水，可他在这段感情里受了太多委屈。

最后他们分手了，因为在一段感情中，如果一直都是一个人在承受着两个人的委屈，无论感情多深，无论相处多甜蜜，都不会长久。

舒婷说过，真正的爱情，理应是共同面对风雨，共同享受阳光，一起感受冷暖变化。而绝不是一方为了家庭苦苦奋斗，一方喜新厌旧，反复无常。

你应该明白，你的另一半并不完美，也不全能。就像有时间陪你吃大排档的人可能没钱带你去西餐厅，有钱给你买爱马仕的人可能没时间陪你睡觉，脾气温和的人有时会让你觉得难以依靠，而霸道总裁往往脾气不怎么好。

当你觉得另一半能满足你所有需求时，不是你要的太少，就是他在替你受着那份本该你受的委屈。

继续说水水的故事。没什么特别，现在的水水就像当初的老三，尽全力满足男友的所有要求。他和朋友出去喝酒，水水就在家等着他醉醺醺地回来。他在玩游戏，水水就抱着手机等他回消息。约定好周末出去玩他突然爽约，水水就临时找闺蜜一起逛街。

找一个能给你温暖的人，
他能包容你的一些小缺点，
能爱上你的一切。

女孩们都会知道，讨好迎合一个人有多委屈。

有人问我，是不是爱你的人不会让你受一丁点委屈。

我说是啊，歌里不都唱了吗，好男人不会让心爱的女人受一点点伤。但是可能吗？他是一个普通人，不是神。他有工作，有朋友，有自己的事要做。他爱你，不代表他能完全保护你，不让你受一丁点儿委屈。

不要怕在爱情里受委屈，最怕的应该是，这段感情里只有你一个人在受委屈。

一段感情能够长久的前提，是两个人共同耕耘，一起经营。外面的诱惑那么多，身边的人来来往往，只有互相理解，互相扶持，才会走得更远。

还是那句话，你出轨一次我就能聊骚十个，你和朋友去喝酒我也可以和姐妹去泡吧，你不回消息我也能直接关机。这世界没有谁离开谁活不了。可是，这并不是我们在一起的初衷啊。

有人问，我们该找一个什么样的人在一起。

找一个能给你温暖的人，他能包容你的一些小缺点，能爱上你的一切。他喜欢你素颜的样子，不嫌弃你有痘痘的脸。他无论怎么生气都不舍得打你骂你，但是会要求你哄。你害怕的时候他会抱住你，会为了你努力，想跟你有个未来。

如果你能找到这样的人，就在一起吧。因为这样的爱情比小心翼翼去迎合一个让你受尽委屈的人要幸福得多。

希望每个人看到这里都能看看自己的另一半，是否他已经替你委屈了好久。自私是人类与生俱来的天性，但爱会让一个人学着如何克服自私。

曾经看过一段话：直到有一天，我再也没有主动找过你聊天，再也没有给你留过言，再也没有给你点过赞，再也没有给你打过电话。看见你只是擦肩而过微微一笑出于礼貌，甚至像路人一样陌生。麻烦你记住，不是我装清高不食人间烟火，而是你已经错过了当初最认真的我。现在的我，不想为别人受委屈了。

其实情侣间没有合不合适，只有知不知足。在你嫌弃自己女朋友差劲的时候，你应该想到她也是某人心中的女神。人都会改变，不管你的另一半有多糟糕，世界上也没有第二个她。好好珍惜那个连自己都照顾不好却倔强着要照顾你的傻逼，把她当作手心里的宝，不要和别人分享，不要冷落她。两个人在一起本来就不容易，互相将就，互相谦让，吵架的时候主动认个错就什么事情都没有了。天冷了就给她拥抱，不管发生什么事都别放开她的手。

爱情需要珍惜，别让她委屈太久，别错过了她爱你的时候。

浑身充满野性，
可我也很干净

●●

　　昨天朋友们一起去外面喝酒、玩色子，凌晨三点准备回家时，看到一个老奶奶坐在路边，脚边是一桶玫瑰花。我和阿志抽着烟走过去，问她这些花一共多少钱，奶奶仔细数了三遍，还剩九十支。她说原本卖五块一支，可是没卖完，不舍得四百五十块钱浪费掉；我们买的话，四百块就行。阿志没说话，拿出钱包数了一千块钱递给奶奶。奶奶不断说四百就行，四百就行。阿志说：我今天跑了好多地方，就是没给我女朋友买到花，多亏遇到您了。快回家吧，晚上挺冷的！说完给奶奶叫了出租车。

　　我抱着九十支玫瑰，突然在想：我们这群看起来堕落可笑的人，却在深夜帮助一个老人。说出去，有谁会相信呢？

　　我见过浑身文身的人在公交车上让座，也见过西装革履的人在公共场所插队。

　　我见过浓妆艳抹的姑娘蹲在路边给流浪狗喂水，也见过写字楼的白领嫌弃地骂乞讨。

　　每个人都和别人不同，我也不是只懂得放纵。

　　喝酒抽烟文身，

　　好像所有人都觉得这样的人不值得去爱，不配被爱。

　　没有人去了解，他们为何变成这样。

　　没有人想知道，他们也有善良的一面。

　　没有人能明白，我们只是一群想要爱的孩子。

　　身边很多朋友都想追 CC，可 CC 一直忘不掉前男友。她说，忘不掉又怎样，他也不会回来；与其等待，还不如多认识几个男孩来得实在。CC 很美，去酒吧有很多人搭讪，可她再也没有谈过恋爱。别人都说她太贪玩，不定性，跟她谈恋爱太危险，不知道哪天头上就绿了。

　　只有我们明白，CC 不是爱混，而是一直在等他，可是她等得太累了！

　　有的人看起来让人没有安全感，其实他们最需要安全感。

　　我们总在深夜放纵，笑着说爱是一场葬送。

　　灯光很闪音乐很棒场子很热，叶子很纯气球很多脑子很空，吹扎时看起来什么都不在乎，回到家却又回忆过去想要哭。

每个爱无能的人，曾经都是用尽全力去爱的人。
可是他们爱得太用力，却忘记要保护自己。

每个爱无能的人，曾经都是用尽全力去爱的人。

可是他们爱得太用力，却忘记要保护自己。

来来回回拉拉扯扯，终究无法拥有最想要的人。

如果说习惯堕落是种悲哀，抱不到爱的人我不想被爱。

图我情真，还是图我眼波销魂。

赐我梦境，还是赐我很快就清醒。

我们渴求爱却又明白：

你爱的人不爱你是一场遗憾，

可人生终究要有遗憾才完整。

如果可以，我也想回到从前。

如果可以，我想和你在一起。

可你不会爱我，也不会回来。

每个女孩都一定爱过渣男。

每个渣男都被女孩伤害过。

浑身充满野性，可我依然干净。

边走边爱，反正人山人海；可我好想，被你爱。

我喜欢被喜欢的人黏着

昨天在朋友圈看到一段文字：

我就希望我喜欢的人每天缠着我，缠着我聊天，每天问我"都去哪里了呀？都干嘛了呀？吃的什么呀？有没有男生呀？"；每天分享好听的歌给我，看见好笑的东西就发给我，实在不行截图也可以，乱七八糟的反正黏着我就行，我喜欢被喜欢的人黏着。

看到最后一句，我恍然大悟：对啊，我喜欢被喜欢的人黏着。

我有一个特别怪的习惯，从小就喜欢翻我妈妈手机，看最近有没有老师给她发短信告状。虽然现在没人管我了，但每次回家还是习惯躺在床上翻我妈的手机看。上次回家的时候，我发现我爸和我妈每天发的短信特逗。

每天上午十点半，我爸会给我妈发短信问：中午吃啥呀。

刚开始我妈还有耐心，回复的短信内容一般是"炖排骨吧"、"想包饺子吃"、"回家路上买点鸡翅炒"。但到后来，估计嫌我爸烦，他们的短信内容就变成了这样：

上午十点半，我爸："中午吃啥呀？"

我妈："饭。"

下午四点半，我爸："晚上吃啥呀？"

我妈："菜。"

我看短信的时候笑得不行，心想我爸太可怜了，上班还没脸没皮地缠着我妈，我妈还不买帐。

但有天他十点半没给我妈发短信，十一点的时候我妈主动给他发消息说："中午想吃啥，是不是有事儿不回家吃了？"我爸十分高冷的回复说，想吃饭。

我看着看着突然有点儿羡慕他俩，如果有人每天缠着我，问我吃什么去哪里想干嘛，该多好啊。现在打开手机看看，每天找我的除了微信运动、腾讯新闻、短信验证码，就是 10086。如果我也能被我喜欢的人黏着，不经意间就能收到他发来的消息，哪怕是抱怨路上太堵、吐槽午饭难吃也好。至少，能说明我也被人牵挂着吧。

我不是黏人，也不是要缠着你。

我只是想确认，我被你在乎着。

你大概不知道吧。

那些我们没有说话的时间，一半被我用来想你；另一半呢，另一半用来细数我们的过去。一数我们互相道过多少句晚安，二数那

些约定好还没完成的事情，三数你对我表白的次数对我说过多少句
"我爱你"。

所以，为什么你不能多黏我一下呢？

想到发生在朋友身上的真实故事。

她和男朋友在一起不到一个月，正是小别胜新婚的时候。两个
人每天都要聊天，互相报备自己的行程。一次公司组织郊游，她和
两个同事一辆车。郊游的地点没信号，她告诉男友自己大概八点就
能到家。但她没想到，回来的路上因为开车的同事疲劳驾驶，发生
了车祸。两个同事都重伤，只有她是皮外伤，因为惊吓过度，她的
手机和包都遗落在现场。到医院检查完伤口后，她马上借别人的手
机给男朋友打电话。那时已经半夜两点多了，电话打通后，那头传
来震耳的音乐声和摇骰子声。男友醉醺醺地问她，你是谁啊。

她什么也没说，挂断电话，把手机还给别人。医生确认没问题
之后，自己打车回了家。

她因为这件事和他分手了。我们都说，这也不能怪他，喝多了
意识不清醒而已。

她十分平静地说，如果那天重伤的是我，如果我当场死亡，我
不想另一半第二天在酒醒后才到我身边。如果我需要他的时候，他
不在，那以后的日子里，他也不必在了。

可能别人会觉得我这朋友太作。

但换个角度想想，明知她应该八点到家，中间隔了四个小时，

我不是黏人，也不是要缠着你。
我只是想确认，我被你在乎着。

四个小时没有她的消息，而且是在晚上，他怎么能安心跑去喝酒？

在乎你的人，巴不得在你身上绑一个追踪器，二十四小时都能知道你在哪里，是否安全。

前几天我从新加坡飞回上海，他知道我十点落地。落地后，我一直和编辑对稿子的事情，忘了告诉他我到了。等到想起来的时候已经过了半个小时，刚想告诉他，突然女孩子"作"的毛病发作了。我告诉朋友说，我就不告诉他我到了，如果他十一点还没给我发消息，那我可要生气了。结果话刚说完，置顶的聊天框里发来"到了吗"三个字。

我知道这样做不对，但说真话，看到这三个字的时候，真 TM 开心啊。

其实我偶尔的小情绪和没来由的脾气，只不过是想确定，我在你心里。

你多黏我一下吧，其实高冷和酷都是我装出来的。

不知道别人是不是这样，每次我忙完手上的事情打开手机之后看到喜欢的人发来的消息，就会非常开心。但是如果你不主动找我，我就会自动理解成，我们就这样了。所以，你就放下面子多和我说说话吧，我一直在等你啊。

我喜欢你。

所以我喜欢被你黏着。

不找了，找不到的

●●

今天想请你们听一首歌，郭旭的《不找了》。

下午我在家里收拾房间，电脑放着歌，不知不觉就循环到这首了。

我听朋友唱过一次，当时没听清楚他支支吾吾唱的什么，不过觉得旋律挺好。

正好我也累了，就坐在床边上，切到单曲循环戴上耳机听。

其实我也没听明白郭旭唱的到底是什么，最近耳朵背。打开手机找到歌词，莫名感觉心里特堵。

朋友突然给我发来一条消息，我看了心里更堵，堵得我不想说话。

她看我没回复，问我没事儿吧。

我说，没事儿，我一会儿和你说，我现在有点儿想哭。

你是不是以为我说完就哭了，那你太看得起我了。如果我有一难过就哭出来的本事，那我就永远都不会难过了。

你会发现，越长大就越难哭出来。小时候摔倒了哭、爸妈不给买易拉罐的可乐也哭、幼儿园放学没人来接你也能蹲门口台阶上扯着嗓子嗷嗷哭半天。长大就完了，分手了哭不出来，被朋友背叛也哭不出来，工作压力大不顺心更哭不出来。心里就像有块石头压着你，沉甸甸的，心塞，但就是哭不出来。心里的事情越多，石头就越大，直到你被压死的那天，你一滴眼泪也掉不出来。

我越想朋友告诉我的事儿越难过，越听这歌越难过。想哭又哭不出来。

我突然想起昨天从上海飞青岛时，在飞机上做的一个梦。

估计是《釜山行》看多了，我梦见我的学校被丧尸包围了。我和一个朋友躲在教学楼一楼，门上锁了，也不知道楼上有没有丧尸。我都害怕得想死了，突然从门口看见我妈的脸。我妈特高兴的冲我挥手说，我来给你送饺子吃啦，虾仁的。门打不开，我就冲她喊，你快跑啊，有丧尸。我妈没听清楚问我，有啥？然后她就被丧尸咬了。

突然时间倒退了一点儿，又退到我妈来之前十分钟。我当时就急着把门打开，心想等我妈来了我得让她赶紧进来。我妈出现的情景和刚才一模一样，提着饭盒冲我挥手，结果我刚打开门，她就被丧尸咬了。

梦本来就是很奇怪的东西。时间又退回去了，这次我想我直接给我妈打电话让她别过来。我妈接起电话说，你怎么给我打电话了啊，我快到你学校了，我来给你送饺子吃。我冲她喊你快回去，快回去，我们学校有丧尸。结果我妈就像听不明白似的一直说，我得给你送饺子吃啊，你不是不吃肉的吗，我带的是虾仁的。最后我急了我骂她，你快点滚回去啊，你傻吗，我说了这有丧尸！我妈就像复读机一样一直说，我得给你送饺子吃啊……

突然空姐把我叫醒了，她说飞机要降落了，把座椅调回来吧。

落地我打开手机之后，给我妈发了条信息说，我有空的话，明后天回去一趟吧。

我妈说，行啊，你想吃啥，在家吃火锅还是包饺子。

一想起这个梦，眼泪突然就掉下来了。

一点儿也不想回家。

但是真想家啊。

如果我在外面什么也找不到，那回家多好啊。

好像越说越远了，其实我想说，有的东西你现在找不到的话，就先别找了。

就像爱情或者友情，人生总有不如意的事情。有时候你觉得你感情不顺利，朋友闹矛盾，生活压力大，活得特颓，特失败，但你又能强求什么呢？你说你在爱情里太委屈太卑微，谁让你不是被爱的那一个。她不是你的鲜花，你只是路过她的绽放。他也不是你的骑士，你只是碰巧骑过他的战马。

有很多人说，我有故事，我忘不掉我的故事，所以我不想开始新的人生。

每次我都耐心地告诉他们，会有的，会有人来爱你，你要相信，你要等。

但其实我特想骂他们一顿。

故事是这个世界上最不值钱的东西，当然，也是故事的主人公最难忘掉的东西。

可是，很多东西你强求不了啊。

我也希望我喜欢的人只喜欢我啊，我也希望我有很多无话不谈的朋友啊，我也希望每天都能轻轻松松开开心心的啊。谁不想过这样的日子。

可生活从来都不会让你一直快乐，否则你不就白来这个世界了吗？

来都来了，总该把背叛、孤独、难过、痛苦和绝望都体验一遍再走吧。

不然，多无趣啊。

郭旭的嗓音不算特别，但每次听到那句"不找了找不到的"的时候，我都特难受。刚开始你可能觉得这是嘶哑，但听懂了才发现这是哭腔。

就像小时候我们看到很贵的玩具，赖在橱窗前不肯走，死死的拉住妈妈的手让她给你买。妈妈甩开你的手说，我不要你了，你自己在这儿等着吧。然后你突然哭着追过去，懂事地说妈妈我不要了，不想要了。这是很委屈的吧，其实你不是不想要，你只是明白你没有多余的钱去买这个玩具。同样，我也没有多余的运气去找到你。

我在网易云看这首歌的评论，越看哭得越凶。

听了太多太多的歌，从没想过会有一天听哭了。晚上随意听突然听到这首，情绪忽然就控制不住了。一大老爷们半夜在宿舍蒙着被子偷偷哭得跟傻子一样，不找了，找不到了，不找了。

有次在电影院里，一对情侣来看电影。女孩靠在男孩怀里流泪，她说他忘不了他。男孩轻轻帮她擦去眼泪，宠溺地摸摸她的头说，那你去找他吧。女孩走了，电影散场后，偌大的影院里男孩哭得撕心裂肺。其实成全一个人真的没那么伟大。

当你说要离开的时候，我莫名的松了一口气。我很早就知道了，我不是你最好的选择，这与我多爱你无关。所以，不留你了，抱歉，也不能送你了。

　　我整理房间，突然翻出了以前写的情书，整整十页那么多，我认真地读完了。笑自己那时候太幼稚，哭自己那时候太单纯，我喜欢以前的自己。刚想打电话给那个女孩聊聊此刻的心情，却听见我女儿萌萌地叫了我一声爸爸。原来我已经为人夫，为人父，过去的就让它过去吧。那段青春和回忆，不找了。
　　……

　　　不找了找不到的
　　　你还在想些什么
　　　这世界已经疯了
　　　你就别再自找折磨

　　　别找了找不到的
　　　上帝已如此忙碌
　　　该来她总会来的
　　　别找了

曾经写文章我说我一直想不明白，时间到底带走了什么啊？
今天我也想不明白，但我知道，随着时间流逝，自己也在成长。

而成长首先教会我的事就是，有的东西不是你的，你拼了命去找也找不到。可能你要找的东西就在眼前，但它不是你的，所以你怎么也看不见。

既然这样，那就不找了。

是会有些不甘心吧，但人生本就是这样，无可奈何，步步回头，却又不得不向前走。

不找了，找不到的。

人生本就是这样，
无可奈何，步步回头，
却又不得不向前走。

Chapter 5

世界需要
更好的你

世界本身就是残酷的，
但只要你够优秀，
世界也会是你的。

好看的女孩子都自带烧钱属性

●●

有人问我一个小姑娘每天那么忙做什么，又不用像男人一样要赚钱养家，干吗拼命挣钱。我当时就笑了，我不养家，但是我要养 YSL 的唇膏，SK2 的神仙水，Chanel 的眼影，Dior 又出限量版了……比一个男人的肩膀沉得多，毕竟都是上市企业。

记得以前看过一个帖子，有人问：物质女真的有那么多吗？

有人回答：如果你喜欢一个美女，你就要知道美丽是有代价的。她每个月的护肤品化妆品消费可能让你瞠目结舌，更别说衣服鞋子包包首饰。正是这些物质撑起了她的美丽，这就需要钱。如果你喜欢一个有生活情趣的人，她走遍大江南北需要钱，她喜欢美食需要钱，她看电影需要钱，她买书需要钱，她就算跑个步还要买跑鞋运动内衣运动耳机呢。

不是女人物质，而是本来花钱的地方就很多，就算这些钱不需要没钱的他来出，那他也会看不惯，觉得她花钱太大手大脚，觉得她物质。并不是所有的女生都物质，我感觉是平庸的女孩子他们看不上吧。

永远记住一句话：好看的女孩子都自带烧钱属性。

可能有人会说，你普普通通的我也还是爱你啊，我就喜欢你素颜的样子。

你要明白，他喜欢的是你素颜但皮肤仍旧光滑白嫩的样子，他喜欢的是你穿运动服但拍照分分钟打败各路网红的样子。相信我，没有人会喜欢上一个脸上满是痘痘，头发油得不行，穿衣服邋邋遢遢的女孩。

橘子和男朋友在一起的时候，从来不打扮自己，他说她普普通通的就很好，所以橘子每天洗完脸只是涂点大宝 SOD 蜜，买衣服也只去小店淘打折货，不美甲，不做头发，不看时尚类杂志。每个月发工资都攒起来，打算和男朋友结婚之后买房子。时间久了，橘子看起来像一个三十岁的已婚妇女，不化妆，皮肤不好，不懂服装搭配。有天男朋友去参加聚会，认识了一个好看的女孩，第一眼就迷上，然后果断出轨。橘子哭着跑来我家时，我整个人都吓了一跳，她看起来就是一个被有钱老公抛弃的黄脸婆。

第二天橘子说，我们去逛街吧，反正房子也不打算买了，钱留着也没用。那天我们两个手里提满了购物袋，橘子买了新衣服鞋子包包，还有一堆护肤品和化妆品。

一个月后再看到橘子，整个人都变了，举手投足之间显现出女人的精致和性感。我问她，花钱的感觉好吗？她笑着说，现在我明白了，就算你买十支 Dior 口红、十管 CPB 隔离、十支 YSL 超模粉底液、十个爱马仕，不喜欢你的人可能还是不会喜欢你，但喜欢你的人，会越来越多。最重要的是，你会更喜欢自己。

这样说可能有些三观不正，对于一个女孩子来说，最幸福的事情是找到一个全心全意爱自己的人。但你要明白，大部分人第一眼爱上你，是通过你的脸和你的气质。而你的脸和气质，都需要钱来打造。你不化浓妆，但你还是要护肤；你说看书和练瑜伽可以提升气质，说白了你还是得花钱买书办健身卡瑜伽卡。只有你舍得花钱，能够狠下心对自己更苛刻，让自己变得更好看，喜欢你的人才会越来越多。

很多男人说女孩子的烧钱属性和剁手技能太可怕，其实男女都是一样的。我曾经听过很多男人说，你们女人就是喜欢车、喜欢大房子，没车没房就会被嫌弃。其实，你们男人就是喜欢脸好看、身材正，又丑又胖就会被嫌弃。只不过你们知道房子和车需要钱，却不知道好看的脸和身材要烧多少钱。我们烧钱是为了让自己变得更漂亮。

我们把钱花在自己身上让自己变得更漂亮，并不是物质啊。只

只有变美了才会懂，
有一张好看的脸会给生活减少多少烦恼。

有变美了才会懂，有一张好看的脸会给生活减少多少烦恼。

有天我和晗晗讨论，女孩子为什么要有钱。

她说，为了过上更好的生活吧，买得起更好看的衣服、更贵的包。

我说，终归还是为了两个字：变美。要买护肤品、化妆品，要买新款包包和衣服，要打玻尿酸，要做半永久。现在成熟的科技手段越来越多，我们完全可以通过这些稍稍调整自己的面容，让自己变得更漂亮。

如果你没钱，你就会依赖另一半，而他离开你的时候，你会接受不了生活水平的急剧下滑。但如果你有钱，你选择另一半的时候就不会在乎他有没有钱，就算他离开你了，你也可以安慰自己说，没关系，至少你还有钱和一张好看的脸啊。

在微博上看过一段话：你什么都嫌贵，穿的嫌贵，吃的嫌贵，脸上用的也嫌贵，减肥嫌贵，美甲嫌贵，无论你做什么都嫌贵，就你自己最便宜，最后连男人都嫌你便宜。

这样说是有些夸张了，不过仔细想想，不就是这个道理吗。你不舍得给自己花钱，不舍得投资自己，不舍得让自己变得更漂亮，那别人更不舍得给你花钱；你不好好爱自己，又怎么会有人好好爱你？

不要相信男人口中说的，我负责赚钱养家，你负责貌美如花。因为他一旦不爱你，赚的钱一分也不会花到你身上，你还怎么貌美如花？女孩子最好的状态应该是，我能赚钱养家，让自己变得貌美如花。

漂亮没用，你得善良

●●

　　刚才翻朋友圈，看到一个女生拍了个小视频，是一个浑身破破烂烂背着小孩子在翻垃圾箱的妇女，配文是"××街头惊现名媛"。我看了看她的朋友圈，仿佛一个三线网红。然后，就把她删了。

　　我不能理解发这种信息是出于什么心理。觉得好笑？或者，觉得可笑？

　　这是那个女人对于生活的无奈和赖以生存的方法，如果有可能，她也不想这样吧。

　　她布满灰尘和污垢的手与身体配不上你戴的卡地亚、宝格丽首饰。

　　她粗糙的脸和你用各种大牌化妆品涂抹出的精致格格不入。

　　她身上破破烂烂用来遮风挡雨的布条和你的纪梵希没法比。

　　她穿的不知有几个洞的破旧鞋子也比不上你的 Roger Vivier、Christian Louboutin、Monolo Blahnik、Jimmy Choo（女鞋的四大巨头）。

　　你看起来这么高高在上、精致美丽、不可一世，你觉得自己很美，追求者很多，朋友圈格调高到没朋友。

　　可是漂亮没用，你得善良。

　　善良好像是一个很俗的话题，同时也是很多人心中缺失的那一角。

　　我见过有人满身潮奢，看到路边的乞丐会双手递给一百块钱。

　　我见过有人流浪街头，看到饥饿的流浪狗会分它一口馒头和水。

　　善良，与身份无关，与金钱无关。

　　有读者告诉我，好像随着年龄的增长，当初心里最纯净的地方会被丑恶慢慢染黑。

　　小时候住在一个院里的小伙伴，不管家里富裕贫穷，大家都开开心心地在一起做游戏。长大以后，就会有别人说：你怎么还和他玩啊，他妈妈不是小区门口卖馒头的吗？（这种人是天天不吃馒头吃黄金吗？）

　　小时候看到草地被人踩踏都觉得生气，看到流浪猫狗也会蹲下来摸摸头；长大以后和朋友在一起，看到他把烟头扔在地上，问他怎么这样，他说：不然呢，灭在手里吗？（不然可以灭在你脸上啊？）

　　小时候看到可怜的人心里只有同情，能不顾外人眼光帮公园里的老爷爷捡汽水瓶；长大后看到需要帮助的流浪汉却怎么也不敢上前一步，怕的是别人异样的目光。

小时候觉得待人善良就像是一条神圣而不容侵犯的法律，长大后却发现嘴上说善良的人很多，真正善良的人很少。

六六找了一个女朋友，出来一起吃饭的时候我们都惊了，问六六怎么找到一个仙女当女朋友，六六摸摸头笑了笑。点菜的时候，仙女一把抢过菜单：红烧茄子、剁椒鱼头、糖醋里脊、海鲜疙瘩汤……点完她爱吃的以后，顺手把菜单给服务员说赶紧上菜。六六脸色有点不好，为缓和气氛我们说：这下正好，以后出来吃饭都有人专门负责点菜了。

上菜的时候服务员不小心碰掉了仙女的包，仙女破口大骂：你长没长眼睛，知不知道我这个包多贵？服务员一边鞠躬一边道歉，仙女不依不饶。大家没吃两口，六六就抢着结账带着仙女走了。

后来六六告诉我他和仙女分手了，不是因为那天吃饭的事。六六说那天回家的路上看到一个收废品的老大爷三轮车刹车失灵，下坡的时候撞到路边，车也翻了人也受伤了。他确认老大爷只是皮外伤以后帮他把废品放回车上，自己又钻到车下修好了车。仙女站得远远的，他让仙女去给大爷买点吃的买瓶水，仙女生气了，说：你到底还去不去看电影？你真可怜他给他钱不就好了，弄得身上这么脏这么臭我还怎么和你一起走？六六忍着不发火，问她：你到底去不去？仙女说：他渴这里就有水，喝吧！手指了指路边的积水。六六再也忍不住了，说：滚！

心脏了，就很难再洗干净。

六六说：我一直觉得找女朋友要找长得好看的，带出去有面子，现在觉得，长得不美可以整容，但是一颗不善良的心怎么整也没用。

世界上有那么多变美的方法，所以不漂亮真的没关系，关键是你是否善良。因为心脏了，就很难再洗干净。

善良好像包括了很多，有尊重，有包容，有理解，有文明，不随便议论，不轻易攻击。

就像我写了三十多篇文章，其中有一些观点也备受争议。有的人会直接跑来骂我，遇到骂得难听的，我偶尔会回复一句脏话。我印象很深的一次是，有一个女孩子跑来跟我说，觉得我哪篇文章哪个地方她不认同觉得不对，我看完以后真的特别感动，觉得很少有人对于自己不接受的东西还能理智文明地和别人讨论。

我觉得这就是一种善良，虽然不接受，但也不随便抨击。

可能有人会说，你们不过是一群病态的人，病态地活着，病态地享受玩乐。

嗯，可能真的算是病态吧，但这只是生活方式不同啊！

抽烟、喝酒、文身，这是兴趣，和人品无关。

希望你保持善良，相信爱，勇敢做自己。
什么都会好起来的，不要觉得自己是一个很差劲的人。
因为我们都是善良的浑蛋。

你到底哪里来的优越感啊

你身边有没有这样的人，他们认为人就该分为三六九等，而他们自己，一定是站在食物链的顶端。

今天在微博上有一个读者告诉我，她朋友买了一只暹罗猫，他很开心地评论说：花多少钱买的啊？你果然给七月找了个伴（七月是她自己的猫——一只流浪小猫）。结果那个朋友回复说：我这可是进口的猫！她说：可是都是猫啊。那朋友又说：血统啊，姑娘！

前段时间我收养了一只小狗，就是中华田园犬。带它去宠物医院打疫苗的时候，有一个女人问我：哎，你家狗挺好看的啊，什么品种？我说：就是小土狗啊！她立马变脸，说：现在还有人养土狗啊？我们家嘟嘟可是纯种的柯基！我当时真是用了吃奶的力气才忍住没骂人。

你身边有没有这样的人，他们背着假爱马仕，逢人就说：哎

呀，我这个包可是在法国巴黎买来的。然后瞟一眼你背着的 LV
说：你这个是三年前的款吧，要对自己大方一点啊！

你身边有没有这样的人，他们上班要挤地铁，你开着上海大众
去接她，她立马坐在副驾驶座，撇撇嘴说：你这辆车可有年头了
哟，我朋友刚买了一辆奥迪 A8，坐着就是舒服。

你身边有没有这样的人，看电影都要让朋友请客。男朋友家境
殷实，动不动就说：我男朋友和他父母又去马尔代夫旅游了，你长
这么大还没出过国吧？

你是不是经常听到这样的话："懂？""我有一个朋友……""什
么东西是我没见过的，呵呵。""哪个国家我没去过啊，呵呵。"
呵呵……
呵呵……
呵呵……

对于这些人我只想说一句话：我就静静地看着你装。
其实我还想多问他们一句：你到底哪来的这些优越感？
人们不厌恶优越感，人们厌恶的是秀优越感。

人需要优越感，和需要食物、空气、水是一样的。

适度的优越感其实就是一种自信，会激励你继续前进。

但优越感过头，就变成了自负；而秀优越感，是最傻的行为。

优越感就像内裤，你要有，但不要随便拿出来给别人看。

如果你非要动不动就扯出自己的内裤给别人看，那你会被当成神经病的。

你可以有优越感，但希望你的优越感不是通过贬低别人得到的。

人不分三六九等，但确实有能力高低。

如果你考试考了九十分，去嘲笑不及格的同学；

如果你比身边朋友有钱，就鄙视他的生活方式；

如果你比身边人更聪明，就认为别人都是笨蛋，那你真的是"天下第一大傻"。

有一个学长，学习一直很好。吃饭时，他跷着二郎腿，手指着我们说：你们考试成绩那么差，还有挂科的，我劝你们最好赶紧想想自己退学之后能干点啥。学习不好你上哪儿找出路，如果你们能和我一样门门功课都是 A 还进学生会，那可以考虑继续念书。

我们不说话，静静地看他装。他看不起的人里有高数挂科却得了新概念一等奖的人，有英语一点儿不会却在大一就开公司月收入几十万的人，有功课一塌糊涂但已经被某导演选进剧组的人，还有我这个写文的半吊子公号狗（我想了半天，这是我唯一能拿出来说的地方）。

每个人都有自己的长处和短处，不要拿你的长板和别人的短板相比。

因为你长不见得哪里都长，别人短也不见得哪里都短。

优越感取决于三点：你的实力，你的标准，所处的环境。

第三点很容易理解，也是大多数优越感的来源。

你背着一千块钱的包，身边的人都背着几万块的包，你就很难有优越感。

如果你身边的人背着几百块甚至几十块钱的包，你就容易产生优越感，可你的实力和标准才是最重要的。

真正有实力的人，没有时间"关心"别人的生活，他们看的比你多，比你远，自身的标准也比你高得多。

遇到比你优秀还比你努力的人时，你就会发现，你自以为的优越感多么少。

秀优越感不是最可怕的，最可怕的是你秀的是"迷之优越感"。

有一次和一个朋友去逛街，她大步流星冲到 LV 专柜，边看包边自拍。当我意识到她是在收集朋友圈素材时，我赶紧离开，去洗手间补了个妆。那天她说要请我吃饭，我说：那就吃海底捞吧。她说，哎呀，海底捞多不划算，我知道有一家麻辣烫特别好吃，我请你。然后我吃着可能会让我半夜跑厕所的麻辣烫，眼睁睁看完了她P图，调滤镜，发朋友圈。晚上回到家，我真的拉肚子了，蹲在马桶上玩手机，看到她今天朋友圈配的文字是：感觉 LV 这季出的都很难看，还是去买爱马仕吧……买爱马仕吧……爱马仕吧……马仕吧……仕吧……吧……

我很想告诉她，您骑着爱玛电动车就别装爱马仕的逼了行吗？

明明什么都不会，却迷之自信地觉得自己是个天才；
明明什么都没有，却迷之自信地认为自己是个首富；
明明什么都不懂，却迷之自信地给别人提指导意见。

明明什么都不会，为什么不多学点东西多看点书？
明明什么都没有，为什么不脚踏实地地多赚点钱？
明明什么都不懂，为什么不虚心倾听别人的意见？
迷……真的迷……

哪里秀优越感的人最多——微信朋友圈。
什么样的人会秀优越感——没那么优越的人。
如何对待秀优越感的人——我就静静地看着你装。

对那些秀优越感的人我真的想说：
把脸皮练厚点，万一哪天被打脸了，你也不疼！

教养是个好东西，
我希望你能有

●●

　　今天去做指甲，店里有一个女孩儿坐在桌子上玩手机。我看了她一眼，浓妆艳抹，身上散发着刺鼻的廉价香水味。在看色板的时候，她一直在一旁骂骂咧咧：妈的到底还要多久啊，我哪有那么多时间在这浪费？他妈的烦死了。我问给我做指甲的姐姐怎么回事儿，她说那个女孩儿想补睫毛，店里只有她会做，但她要先给我做完。我说不然让她先来吧，姐姐说没事儿。

　　那个姑娘脱了鞋，坐在桌子上，一边玩手机一边骂脏话抱怨。说实话，如果我还是十五岁，可能会直接冲上去跟她理论了。但我已经十九岁了，不只增长了年龄，还明白了什么是"教养"。

　　我突然想起以前微信里的一个好友，也是一个姑娘，家境优越。有大她突然发了一条朋友圈，我正无聊打开看，是她在自家饭店吃饭，因为服务员不认识她，没给她所谓的特权，说了一堆脏话，发朋友圈说要让爸爸把她赶走。我突然觉得，你的颜值和钱以及所谓的地位，都不是衡量你这个人的最佳标准。真正决定你的未来，你的眼界，以及你能否成功的，是你有没有教养。

有教养的表现太多了。公共场所不喧哗，进门时帮后面的人扶下门，不乱丢垃圾，不随意评论攻击他人。但我觉得最能体现教养的细节是，你是否对从事服务业的人有礼貌。

人没有三六九等，只是能力不同。你背着 LV 说那些背耐克的人是穷逼，吃着米其林餐厅说那些吃麦当劳的人太 low，可你别忘了，其实你什么都没有，只有一点儿钱。让你膨胀，让你迷失自己，让你失去教养的钱。

有人说，教养就是让他人感到舒服。这话没错，但我觉得真正的教养是，让他人感到舒服这件事，会让自己感到舒服。

人都是自私的，一直为别人考虑难免会让自己感到不悦。问题在于你能不能调整好心态，能不能真正意识到你在控制自己的脾气和行为时，不是为了别人，而是为了自己。

有教养和成功是两码事。
我有过很多朋友，到现在剩下的朋友不多。我的朋友里有学霸、

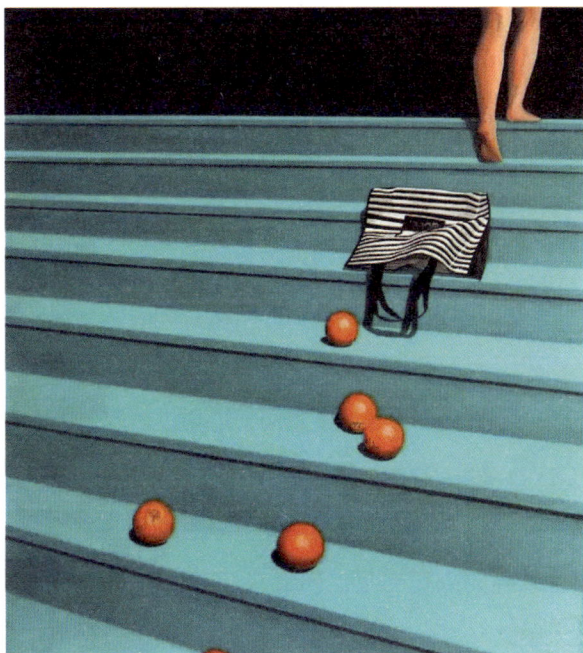

真正决定你的未来，你的眼界，
以及你能否成功的，是你有没有教养。

夜场工作者、公司老板，也有整天抽烟上网的"小混混"。他们有不同的身份，不同的职业，不同的性格，但他们的共同点是有教养。

不做自由的走狗，不做礼貌的禽兽。有教养是一件发自内心的事，即使你多用力去装，最后还是会露出马脚。

有人问我，最讨厌哪种行为。

我说，遇到不顺心的事情就嘟嘟囔囔骂骂咧咧。这不仅对自己没有帮助，还会影响别人的心情。有次我和同学一起去逛街，她把奶茶洒到裙子上一点儿，一气之下将整杯奶茶扔到地上。我看着洁净的地面上多出来一大摊奶茶水渍，心里就感叹，以后还是多和有教养的人在一起，珍爱生命。

和有教养的人在一起，你会有一种说不上来的舒服。大概就是，夏天感觉很清凉，冬天又觉得很温暖。不会害怕对方做出什么事情让自己感到难堪，也不会担心遇到挫折会影响大家的心情。

有时看到妆容精致的姑娘对打扫卫生的阿姨骂骂咧咧，有时看到穿着时尚的男孩指着流浪汉嘲笑，有时看到体态丰腴的大妈旁若无人般插队。人们很难指责，也懒得指责，毕竟谁都不想去招惹一只癞皮狗。

但我还是想说：真的，教养是个好东西，我希望你能有。

你在外面这么有钱，
你爸妈知道吗

昨天逛街的时候，看到一个姑娘，穿着 RV 的平底鞋，GVC 满天星 T 恤，背着爱马仕的 Birkin 包包，站在街上冲着一个看起来五十多岁的老妇人大吵大叫。我和朋友站在旁边聊天，听了半天，大概明白了是什么情况。

那个看起来平凡甚至有些寒酸的老妇人是那个女孩的妈妈，女孩已经很多天没有回家了。她妈妈出门买菜碰到她，想叫她回家吃饭她不回去，便发生了口角。而我听到最让我揪心的一句话是，她的妈妈说：上周你爸刚发工资给你转了三千块，你不是说丢了吗，我给人家当保姆的钱马上就拿到了，到时候再给你打过去。孩子啊，你就回家吃顿饭吧！

那个女孩一脸不耐烦，甩开她妈妈的手，冲进路边停着的出租车。车立马开走了，只留下她妈妈一个人站在路边呆滞地看着女儿离去。

我见过很多这样的人。

在外面整晚和狐朋狗友夜夜笙歌，动不动就花几万块开卡请朋友喝酒，带姑娘住五星级酒店，身上也都是奢侈品。自以为在别人眼里他十分潇洒、出手阔绰，意淫着自己是像王思聪一样的富二代，能够呼风唤雨、银行卡里有刷不完的钱。

有次和朋友一起喝酒，中途来了一个男孩，喝了几杯之后他开始说自己刚买了某个大牌的秀款外套，说自己昨天在某个夜店花了十几万开卡，已经在某五星级酒店住了一个月套房。酒桌上有人觉得他是个富二代，对他阿谀奉承，也有人淡淡一笑低头玩着自己的手机。

最戏剧性的一幕是，我们一行人走出饭店时，突然有个衣着朴素、一脸沧桑的男人冲过来拉住他的手问：我和你妈妈的存折是不是被你拿走了？那可是给你奶奶治病的钱！

我突然疑惑：钱到底是好是坏啊？

它能让我们过上想要的生活，也能毁掉我们的生活。

它能让一个人更有动力去实现自己的目标，也能让一个人沉迷于享乐无法自拔。

爱钱没错，虚荣也不是罪过。但你为什么要让父母替你的潇洒和虚荣买单呢？很喜欢那句"父母尚在苟且，你却在炫耀诗和远方"。

妈妈一年没买一件新衣服，看到打折的裙子想给自己买一条又不舍得。而你拿着"辅导班报名费"买了一双几千块的鞋子。

爸爸想把家里用了十年的电视换掉，让你妈看电视剧看得更舒服，去商场看了看价格，挑来挑去买了一台特价样品机。而你搂着一个姑娘去希尔顿开房，还给她买了 99 朵玫瑰花。

爸妈在家里算着这一个月朋友孩子结婚随份子花了多少钱，算完之后你爸爸叹了口气，对你妈说记得给孩子多转点生活费。而你在学校叫了一帮朋友吃饭唱歌喝酒全程买单，好不阔气。

真的想问这种人，你在外面这么有钱，你爸妈知道吗？

你告诉妈妈今晚在宿舍复习考试，然后给新撩来的姑娘发消息问她要不要一起吃宵夜。

你挂掉爸爸的电话，发短信说在赶论文，然后继续和朋友玩骰子叫着五个一。

你很久没回家看过爷爷奶奶，推脱着说学习太忙，但成绩单上却是一片红。

拿父母辛辛苦苦挣的钱换来的虚荣奉承，真的能让你开心吗？

深夜了爸妈坐在客厅苦苦等待你回家，而你在外面花天酒地，真的安心吗？

托富勒说过：贫困不是耻辱，羞于贫困才是耻辱。

换到现在我想他会说：平凡普通不是耻辱，费尽心机给自己披上富裕华丽的外衣才是耻辱。

　　朋友不是你有钱才会有，爱情也不是完全以钱为基础。很多时候一个人的消费金额并不代表他的经济水平，只能反映他的价值观。所以，就算你有很多钱，还是会有人不喜欢你。更何况，你的钱并不是靠自己双手挣来的。

　　我很喜欢和这样的人交朋友：不一定有很多钱，但对父母很好；朋友们晚上一起喝酒会提前给家里打个电话，让爸妈放心早睡；不装逼、不炫富，消费水平符合自己的经济实力。和这种人在一起，我总觉得很踏实，不虚不浮。

　　要说人到底需要多少钱才会开心？
　　记得以前看过一段话：有人会送你三十块一支的玫瑰、三百块一支的口红、三千块一件的大衣、三万块一块的手表。但是你的爱情，是从三块钱一杯的奶茶开始的。

　　钱是个好东西，但别成为钱的奴隶。
　　更别忘记其实爸妈才是你最应该花钱的人。
　　其实啊，他们根本不求你能赚多少钱，以后住多大的房子、开多好的车。他们不过是想每天都能听到你的声音，都有你的消息。

会聊天有多重要

●●

有读者告诉我，一个男同事老找她聊天，但对方的问题让她根本不知道怎么回复，不回复又显得不礼貌，每次都只回复一个字：哦。

我说你这样聊天会没朋友的啊，她说你先看看我俩的聊天记录。

男：我刚才看了一部电影，觉得女主角和你很像。

女：什么电影啊？女主角是谁？

男：名字你就不用知道了，女主角是苍井空。

女：哦。

男：真的，我观察过你，你起码有 C-Cup 吧！

女：哦。

当时我正吃东西，然后喷了一屏幕。这男的是智障吧？还苍井空呢，你怎么不说小泽玛利亚、波多野结衣呢，吉泽明步也很好看啊！我们不服！！！

我说：你脾气也真够好的，换成我直接拉黑了。

她无奈地说：没办法，低头不见抬头见的，拉黑了多尴尬。

我突然很纳闷：为什么"哦"这个单纯的语气词，会让人从清纯妹变成心机婊？

原本大家都是用"哦哦哦"表示自己懂了。

现在更多人用一个"哦"来表示自己的不满或是不屑。

我问了很多人，在什么情况下会只回复一个"哦"。

"今天我老公去提车了，宝马X1，你家的捷达也该换了。""哦。"

"能再借我点钱吗？实在周转不开了，下次一起还给你。""哦。"

"我和她真的没什么事，她喝多了我送她回家扶她到床上。""哦。"

"你到底有没有把我当朋友，连这点小事儿都不帮我！""哦。"

所以说，你突突突说了半天我只回复一个哦，真的不是我不懂礼貌，你想让我说点什么？

我老公可穷了，不像你老公，那么有钱，小三那么多。

上次借的钱不用还了，你可以和我的钱一起去死了。

你真乐于助人，那你有没有在胯下疯狂输出让她清醒啊？

我帮你，我什么都能帮你，那你对象能借我睡几天吗？

不是对方冷淡，是你不会聊天。
不是对方态度差，是你先触犯了对方的底线。

我不想回复你，因为我怕忍不住骂你。
所以说一个"哦"，不会撕逼不会破坏关系。
如果我和你聊着聊着，突然说了一个"哦"，
别瞎猜，我就是不想和你聊了。

我和几个朋友建了一个群，平时大家在里面吹吹牛。有天我在里面问一个朋友他公司最近怎么样。他说挺好的，比预期发展得快。然后有个朋友突然冒出来说：现在真是什么人都能开公司了，每天都有一堆公司成立，也有一堆公司倒闭，我劝你们别高兴得太早，到时候赔了夫人又折兵。我最近在做金融，你们有没有兴趣，保准赚钱，真的！

我们几个非常默契地都说了一个字：哦……

然后谁也没再说话，都是从小玩到大的朋友，退群也不是，踢了他也不是，真的尴尬。我突然理解了那个读者，有时候你不想和一个人聊天，但不得不说一句话从而化解尴尬，于是我们心照不宣地选择了"哦"。

会聊天到底有多重要？

能让原本和你不熟的人乐意帮助你，

能让比你更厉害的人把经验教给你，

能让你结交更多比你优秀的好朋友。

你说你不会聊天是因为性格不好，说话时戳到别人痛处然后说：我这个人性格不好，不会聊天，你别在意。

我真的好想把这些人打死啊。你明知道自己性格不好不会说话，不去改，反而把这个当成让所有人都原谅你包容你的理由？

有次一个不熟的人找我帮他推广网店，顺便抱怨说："和别人聊天，对方总是回一个哦，或者微笑的表情。你说他这个人是不是有病！"我告诉他："不是人家有病，是你不会聊天。你一聊天就揭别人短，上次和我聊天是找我借钱，上上次是让我帮你投票，现在又跑来让我帮你推广。我是一个人，不是你随手就能拿来用的工具！"他说："你怎么这么说话，亏我还把你当朋友。"

我只回了一个"哦"，然后把他拉黑了。

我喜欢和不会让我说"哦"的人聊天。

聊天就是为了在学习工作之余放松压力，而不是给自己生一肚子气。

对于那些大义凛然地说"我说话就是这么直，你多担待点儿"的人，我都想直接反手一个大嘴巴，告诉他：我打人就是这么疼，你忍着点儿。

聊天分生人和熟人。每次我和闺密聊天，对方黑我的时候，我都默默地回一句"哦"。

但这是一个充满爱意、甜蜜、深厚的友情和宠溺的"哦"。

但开玩笑要有节制，不是每个人都愿意用你的方式聊天。

那么聊天时应该注意哪些，才能避免陷入"哦"的尴尬境地?

1. 分清对方和你的关系。和熟人不生分，和生人不套近乎。

和老朋友聊天不必拘束，别整得和领导谈话一样拘谨。别装，别打官腔，都是光屁股玩到大的朋友，你尿床的事都知道，没啥好装的。和不太熟的人聊天，即使你为人热情，也要注意界限，过于热情会让对方措手不及。如果你太殷勤，对方会觉得他也应该为你做点什么事情，弄得大家都很累。关系都是要一步步发展的，你不能带一个刚认识的女孩去开房。

2. 对长辈尊敬，对平辈和晚辈尊重。

和长辈、领导聊天时，要尊敬对方，多使用敬语。有的人觉得把"您"挂在嘴边太降低自己的身价了，但这并没有什么丢人的。尊敬长辈说明你有教养家教好，这是件好事儿，而且很可能获得神秘道具。有一次我和一个老师聊天，老师觉得我挺懂事儿的，就告诉我考试题目在哪套试卷上了……对同龄人和晚辈要尊重，人家对你尊敬是有教养，别以为自己真的能上天了。最讨厌在晚辈面前装酷在我们面前装可怜在长辈面前装孙子的人。

3. 无论关系远近，别每天群发消息，不是帮你集赞就是去投票。

有人会觉得，这对于你来说就是举手之劳，为什么你不帮我？可是你有没有想过，一个微信号最多有五千个好友，就算是百分之一的好友叫我帮忙，那也是五十个人；每个人都叫我去帮他投票，我需要浪费多少时间？

看明白到底啥意思需要三秒，打开你的朋友圈并打开链接需要三秒，关注投票的公众号并找到你表舅家的大姨妈家的二女儿的儿子需要五秒，找到投票按钮在哪儿需要三秒，退出来并且告诉你我投票了需要五秒，这样算下来五十个人要占用我九百五十秒也就是十五分钟。我每天多用十五分钟蹲马桶一个月都能瘦十斤，照你这么想，我今年就能去春晚一个人演千手观音了。

4. 不做红包党，借钱及时还，别当别人的钱都是大风刮来的。

自从有了微信朋友圈，我见识到了各种要红包的理由。考试没考好，出门摔了一跤，感冒发烧拉肚子了，最任性的理由就是"宝宝今天不开心，给宝宝发一个红包好不好嘛"。哦……我今天也不开心，你去帮我把那个银行抢了行吗？发红包本来是表达心意的一种方式，有些人硬要把它当成发家致富之路，张口就要红包，谁愿意和你聊天？

5. 找别人帮忙之前，设身处地地为对方想想。帮了你多感谢，不帮你别记恨。

有人问我，是不是找别人帮忙就必须要好声好气的。我说不用啊，只要你觉得居高临下时有人愿意帮你，你想怎么说就怎么说。有一句话是"帮你是情分，不帮你是本分"，既然你是有求于人，为什么不能态度好点儿呢？半年不和对方聊天突然指使对方帮你，你把他当傻子呢？

6. 多赞美，少批评；多肯定，少否定；多谦虚，少炫耀。

就算是不那么优秀的人，也渴望得到别人的认可；就算是优秀的人，也不喜欢看到别人在自己眼前装，这是人之常情。你们的关系不会因为你的毒舌和虚荣心变得更好，只会因此更加陌生。

有时我们只回复一个"哦"，但背后有很深的寓意。

比如，老子不想和你这种傻子聊天；对不起，我不想和傻子解释。

有人觉得这样回复会显得太冷淡，怕伤了对方的心。

可是如果他真的在乎你，就不会说出这些无礼的话。

要明白，熟练地运用"关你屁事"和"关我屁事"可以省下人生 80% 的时间。

聊天的时候，熟练地运用一个"哦"，也能让你少添不少堵。

没错，
因为你廉价又百搭

●●

最近有一张图片在朋友圈广为流传：恋爱始于聊骚，好感毁于共友。

不得不说，微信朋友圈只有互为好友才可以看到点赞和评论真的在一定程度上保护了我们的隐私。

不像 QQ 空间一样，好友点赞全世界都能看到，信息量大到没朋友。

可是慢慢地，微信朋友圈也变得没有那么"单纯"了。

刚开始用微信的时候，你是不是能准确地说出每个好友的真名，和你的关系？

而现在朋友问你微信好友是谁的时候，你的回答往往是这样的：

呃……喝酒认识的……

嗯……互推加的吧……

唉……这个没印象……

随手翻翻一个朋友的朋友圈，发现我和他有好多共同的好友。

内心世界独白是这样的：

他俩认识啊！

他俩也认识啊！

他俩怎么会认识啊！

不知道我们的交往圈在扩大的时候是不是质量也变得更差？

你备胎无数，感情不断，并不是因为你很迷人，而是因为你廉价又百搭。

昨天有个朋友跑过来告诉我，最近和一个男孩子聊天聊得很暧昧，问我他是不是对她有意思。

我问她哪儿来的男孩子，她说，你们两个还是微信好友呢！

然后给我发了男孩的名片，我看了看，说："哦，他昨晚还问我吃没吃饭冷不冷是不是单身想不想找男朋友。"

不是只有男孩子才有这样的问题。

前天晚上我孤独地刷着朋友圈，

发坝一个女孩子在七个男生动态下面留了暧昧评论，

我当时很想问问她：到底哪个才是你男朋友啊……

勤劳的渔民伯伯们广撒网多捞鱼我能理解，

可是在感情上大批撒网重点捞鱼的男生女生到底在想什么？

你的朋友圈还放着你搂着其他女孩子的照片呢，你跑过来和我暧昧真的合适吗？

你昨天还发了两人合照说实力定心他人勿扰，你今天找我告白当我是傻瓜吗？

所有人都知道你有对象，你还敢来套我朋友，你的教育都喂狗了吗？

专一、公开、不聊骚，是两个人在一起的基本要求，根本不是一方的付出。

我很讨厌听人说：我对他够好了，和他在一起以后我没撩过别人。

什么？

在一起以后不聊骚是你的本分，不是你多出来的付出。

你都谈恋爱了还想和别人聊骚还想多找几个备胎，

你怎么这么牛，你怎么不造个火箭飞上天？

命运不会眷顾或包庇任何人，自己出来混久了，必然会得到相应的惩罚，或许胸下垂，或许阳痿。你是不是供电公司的啊，不然怎么敢"养"你这么大个中央空调，暖完这个暖下一个，怕不怕跳闸啊？

不管是恋爱还是约炮，不管是走心还是走肾，
对方都不希望知道你同时和几个人暧昧。
没人要求你专一不变心海枯石烂天地鉴，
但一心一意追一人是对他人的起码尊重。
如果你连尊重他人都做不到，没人尊重你。

收起你所谓的套路动动你腐朽的大脑，
别玷污了美好纯真楚楚动人的爱情啊。
也希望你们都能及时看清这种大傻瓜，
别被渣男渣女骗走青春骗走感情和心。

最后希望这个世界可以少一点套路，多一点爱。

洞察了人情世故，
才觉得城市孤独

最近经常听到身边的人抱怨说：

我们学校太不公平，我成绩好却不能参加评奖。

这个社会真不公平，我这么努力老板也看不到。

爱情太不公平，我这么爱她她却不喜欢我。

其实我很想问问这些人：

学校凭什么给你颁奖？就因为你情商低能力不够但学习好？

老板凭什么看到你的努力？就因为你今天加了一个小时班？

她凭什么爱你？就因为你不求上进整天只会用嘴巴说爱她？

这个社会，友情、爱情、工作、学习都是不公平的，

可是，为什么走在后面的人是你？

你比昨天更努力，可别人每天的努力都比你多得多。

你比昨天更认真，可别人对待每一件事都比你认真。

你比昨天更爱她，可别人除了嘴上说爱还用心去做。

别再抱怨不公，别再抱怨人善变，多懂一些道理，多明白一些事理，毕竟生活本就艰难，毕竟人越活越现实，毕竟坚持就有结果。

最让人看不起的，就是没有能力却整天抱怨现实吐槽社会的人。

有人问我：喜欢女神好久，可她看不上我这种屌丝，我觉得爱情真残忍。

什么？爱情哪里残忍了？女神为什么要看上屌丝？

霍建华和林心如公布恋情之后，网友都说郎才女貌，终于在一起了。

对啊，人家门当户对啊，两个人都牛啊，都足够优秀啊！

你告诉我，你哪里值得女神喜欢？

空空的口袋？不帅气的脸？邋遢的穿着？没有内涵的谈吐？

你整天抱怨女神看不上你，说女人太势利，人心太冷漠，有这个时间，劝你去看看书多学点东西充实自己。

不是人心凉薄，而是你太 low。

不是人情冷漠，而是你太 low。

前几天和朋友说，觉得越长大，越发现现实残酷。

可是，我喜欢这种残酷。

因为残酷，所以我要拼了命地往上面爬。

因为残酷，所以我一分一秒都不敢停歇。

因为残酷，所以我要变成更优秀的自己。

因为残酷，所以我不会再轻易受伤哭泣。

等你的能力大于你的脾气，你还会抱怨城市孤独吗？

等你的才华大于你的野心，你还会抱怨社会不公吗？

与其吐槽抱怨，不如先提高自己。

与其借酒浇愁，不如先充实自己。

等你变得足够优秀，足够强大，你会发现：曾经那些被称为痛苦、困难的，都不过如此。

我有个哥哥，工作特别认真，但就是得不到老板的提拔。有一次我们一起吃饭，他说：我想辞职了，觉得自己得不到赏识。每天拼命工作提升业绩，却不如那些会来事儿会拍马屁的员工混得好。一起吃饭的一个叔叔告诉我们：不要看不起拍马屁的人，能拍得响就是人家的本事。你有能力，有才华，告诉自己是金子早晚会发光，所以自命清高。可现在遍地都是金子，况且你还不是最亮的那个。

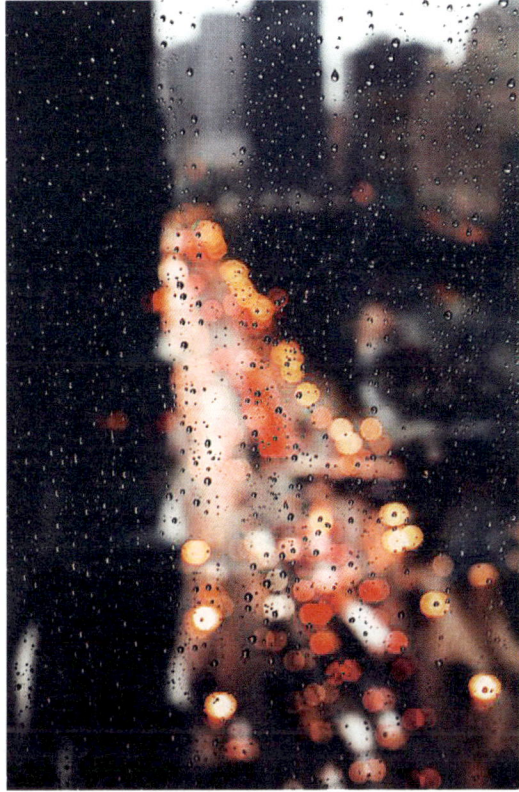

洞察了人情世故，才觉得城市孤独。

可我们喜欢这样的残酷。

　　当时听完我整个人神清气爽。

　　我们总说：她有什么厉害的，不就是会撒娇吗？

　　我们总说：他有什么牛的，不就是会来事吗？

　　嗯，就你厉害，你不会来事儿，你只会来大姨妈。

　　能力固然重要，但不要因为你的能力强而自命清高。

　　遍地都是金子，况且你还不是最亮的那个。

　　遍地都是妹子，何况你还不是最美的那个。

　　得不到你想要的回报，实现不了自己的梦想，追不到自己喜欢
的人，那你就去努力啊！

　　这世界本身就是冷漠的，没人会因为你能力不够同情你，所以
停止抱怨和后悔吧。

　　别再唯唯诺诺像个失败者，世界本身就是残酷的，但只要你够
优秀，世界也会是你的。

　　不随波逐流，不故步自封，不妄自菲薄，持满戒盈。

　　洞察了人情世故，才觉得城市孤独。

　　可我们喜欢这样的残酷。

当你觉得对方理应付出时，
贫寒就已经刻进骨子里

●●

昨天朵朵找我聊天说，粥粥的朋友给粥粥买了一个新包。我说，她男朋友挺好的啊。朵朵特别不开心地说，不是她男朋友，就是一个很有钱的女性朋友，两个人一起出去逛街，粥粥喜欢说想要，她就给她买了。

我开玩笑说，这样的朋友，麻烦给我来一打。

我们都知道粥粥是什么样的人，上学时候自己从来不买洗面奶护肤品，就连沐浴露护发素都要借别人的。大家聚餐时总是在结账前说有事先走，AA 的局根本不参与，粥粥家不穷。有次一个同学受不了了，问她，你每天这样，到底能省多少钱。

粥粥两眼放光地拿出计算器说，你看，洗面奶护肤品这些一个月加起来就要好几百块，省下来的好几百块能买一条新裙子呢。再说了，谁会计较这些小事啊，用用怎么了，又没全部用完。

当你把对方的付出当作习以为常时，
卑微和贫穷就刻进了骨子里。

渐渐地，聚会再也没有她的身影，下课一起去食堂吃饭她也是一个人，大家都知道她的这些小心思，再也没有人愿意和她做朋友。

按照粥粥的算法，一个月确实能省下不少开销，但她失去的东西，其实是无价的。

以前看过一段话，真正穷酸的人是那种喜欢占人便宜的。势利眼，爱跟有钱人交朋友，觉得对方不差钱，请客是天经地义的事情。可有钱人又不是傻子，任何关系都是需要礼尚往来的，没有人不求回报。当你在心里觉得对方理应付出的时候，贫寒就已经刻进了骨子里。

我见过很多人，和很多人一起聊过天。他们其中有身价千万甚至上亿的成功者，也有月薪只有两千块的公司职员。就拿同龄人来说，有人穿着 GVC、CL，背着 Chanel，也有人穿着一百块的衣服，每天照样很开心。

有人说，人是有三六九等之分的，我觉得这话没错。

但衡量你所处的阶层的，不是你的银行卡余额，不是你身上是否有名牌包包，也不是你一顿饭花了多少钱。真正衡量你的，是你的格局，你的礼貌，你的教养，你的眼界，和你的心态。

很多人都觉得，有钱人就该和有钱人做朋友，但其实不是这样。娃娃是我的同龄朋友中最有钱的，我爸妈一辈了赚的钱，也没有她爸爸五年赚的多。但我们是很好的朋友，还是会一起逛街看电影，一起吃饭聊八卦。

有次娃娃说，你知道我为什么特愿意和你玩吗。

我笑着说，因为我胸大啊。

娃娃说，你别闹。我第一次和你见面的时候，咱俩去看电影，我买好了电影票，问你要不要吃爆米花，你说好，然后就去买。吃中午饭的时候我要结账，你说我请客看电影了，就该你请吃饭。我突然觉得，你是第一个不是为了我的钱想和我做朋友的人。

我听完哭笑不得，开玩笑说，这是不是就是你们有钱人家孩子的烦恼。

我一直觉得，朋友们在一起，谁有钱谁多出点这没错。但你不能因为对方比你有钱，就一直让对方结账，把这当成理所应当的事。谁也不欠谁的，谁也没义务为谁付出，这是交朋友的基本。礼尚往来、你来我往是最基本不过的事。过年的时候你妈让你去邻居家借头蒜，包好饺子还得让你送一盘过去呢。老一辈传承下来的美德，到你这就完犊子了？

不是对方工资比你高就有义务借你钱花，不是对方家庭条件比你好就有义务请你吃饭。其实说白了，人和人相处的基本是价值交换。价值不是价格，就像你难过了找发小聊天，其实无形中对方给你提供的是一种情感价值。所以，天上没有掉馅饼的好事，也没有人会为你付出不求回报。当你把对方的付出当作习以为常时，卑微和贫穷就刻进了骨子里。

什么是穷人？

没有钱不是穷人，因为他还可以奋斗，可以努力，或者说不定明天他买彩票就中了五百万。

真正的贫穷是，处处占别人便宜，从不想为别人付出。

现在遍地都是网红、伪富二代，大家看起来好像都很有钱，但很多人不知道，其实鞋子和包都是假的，酒店是蹭朋友的，豪车是借来的。到最后他们会发现，就算你看起来很有钱，很多人在一旁奉承，但贫寒，已经刻进了骨子里。

对不起，
我没空陪你口嗨

前几天有个读者问我："对于那些天天嘴上说爱你却没有一点儿实际行动，天天让你这工作不要干了那工作不要干了但是又不挣钱养你的口嗨男，你是什么看法？"

生活中我们会遇到很多口嗨的人。

嘴上说得比谁都好听，承诺的时候一本正经，道歉的时候态度诚恳。

但是，在你有生之年，永远都见不到他的行动。

这种人交朋友通常只靠一张嘴，绝不花钱，绝不行动。

不只是男人会口嗨，有不少女孩也满嘴跑火车，把你哄到天上。

为的不是让你清空购物车，就是让你送个包。你花了钱以后，她们就躲得远远的。

我有一个同学，简直是口嗨大神，每次都能把女孩儿哄得一愣一愣的。对方一生气，他就开始装："宝贝儿，我这周真的忙，有好几个老板找我打高尔夫球，下个月带你去三亚，好好陪陪你。别生气了，乖。"下个月我问他："欸，你不是要去三亚吗？"他说："口嗨而已啊，她不会傻到真的相信吧？"

哄你的时候嘴巴比谁都甜，等你让他兑现诺言的时候，他会一本正经地对你说：你和我在一起不会就是为了让我带你去三亚吧？你太让我失望了！这时候女孩子又开始解释，说自己不是这个意思。

口嗨男心里高兴得不得了：这姑娘真傻！

她不傻，只是相信你而已。

她之所以相信你，不就是因为她爱你吗？

因为她爱你，所以她相信你手机掉马桶里了才没回她消息。

因为她爱你，所以她相信你下午搂着的女孩只是你的表妹。

因为她爱你，所以她相信你对她的承诺都是真的，虽然你从未兑现过。

你摸着快要泯灭的良心告诉我，你是不是过分了。

她不图你的钱，也不是真的想去三亚。她只是渴望被你多爱一点，她只是想和你多待一会儿。

女孩子要的不是你的承诺，而是你的态度。如果你连说到做到的态度都没有，她怎么敢拿青春和感情陪你赌？

想起一个很老的段子：

如果一个人说喜欢你，请等到他对你百般照顾的时候再相信；

如果他答应带你去哪个地方，等他订好机票再开心；

如果他说要娶你，等他买好戒指跪在你面前再感动。

感情不是说说而已，我们早已经过了耳听爱情的年纪。

我们不是小孩子了，对一句"我爱你"就激动得不行。

有些承诺说出来以后能兑现才有意义。

能陪在身边的才是真的，行动才能证明一切。

爱是要做的，不是说说就可以。

如果你非要口嗨，千万不要对朋友口嗨。

因为信任这种东西就像避孕套，用完一次就不能再用了。

我有一个朋友，每天在群里说自己挣了多少钱，买了多贵的东西，说放假的时候请大家吃饭，可每次放假回老家朋友聚会的时候，他不是有事早走就是没带钱包。后来我们对他的这种行为都习以为常了，慢慢地他在群里说话，搭理他的人越来越少。

大家都明白，朋友之间谁也不会在意今天是谁请吃饭。

把你当朋友，哪怕你天天不花钱蹭吃蹭喝都没人在意。

大家厌恶的不是你不出钱，而是你不出钱还最装。

牛吹到天上去了，找你帮忙的时候你找各种理由推托。

如果有"最佳口嗨人物"评选，你绝对是"感动中国十大口嗨青年"之一。

有天晚上我在市南吃馄饨，听见一个男人说：我昨天接了个五百万的大单子。嘿，你知道五百万是多少钱吗？我回头看了他一眼，大金链子大手表。他们那桌结账的时候，"五百万"突然说：哎呀，我忘带钱包和手机了，要不你们先结上，下次我请？"五百万"的朋友们互相看了一眼，然后结账走人。过了一会儿我突然看到"五百万"又回来了，他跟老板说：哎老板，我们那桌刚才点了两个鱿鱼你还没上吧，快点送上来再给我拿两瓶啤酒。我一脸蒙逼：你的钱包和手机不是都在吗？

只会嘴上吹牛、不真心对待别人的人，永远都不会有真正的朋友。

别人对你好，是真的把你当朋友。

既然把你当朋友，就不会在意你有没有钱牛不牛，不会只想从你身上捞到好处。

可是你也该要点脸，别浪费朋友的信任，别对朋友口嗨。

有个朋友问我，为什么口嗨的人身边的朋友也喜欢口嗨？

因为他们把真正的朋友的信任都磨没了，就只能和同类做朋友。

交朋友就用心交，能帮的尽量帮，帮不了就别吹牛。

大家都是成年人了，真的没工夫陪你玩口嗨的游戏。

不口嗨，是人与人之间基本的尊重。

说你能做的，做你说过的，别浪费别人的感情、信任和时间。

我有次问一个做微商的朋友："你最讨厌哪种顾客？"

他毫不犹豫地回答："口嗨的。和你谈价格的时候牛吹上天，到最后说了半天就买一件。有的说让你留货，明天转账，第二天又说自己不要了。遇到这种人，我直接不卖给他，浪费时间。"

越长大，考虑问题就越实际。

套路走得多了，就开始怀念小时候。

看多了别人不切实际的爱情，只想找个倾尽所有温柔只为我的伴侣。

见多了钩心斗角、尔虞我诈，只想有个能坐在一起喝酒回忆往事的朋友。

口嗨不会交到能两肋插刀的朋友，也不能找到用心去爱你的爱人。

一个无法用真心对待他人的人，永远都不会被他人真心对待。

所以对不起，我没空陪你口嗨。

Chapter **6**

希望这个世界，
对女孩子的恶意少一点

我们是女孩儿，

我们在努力变得更好。

麻烦这个世界，对女孩子的恶意少一点。

麻烦这个世界，对女孩子的鼓励多一点。

希望这个世界，
对女孩子的恶意少一点

今天出去逛街买化妆品，在回家的路上，好多人告诉我一件事儿。大体就是一个女孩子照片上很美，但有人说本人其实不好看而且很胖，然后很多人都去围观攻击。他们都问我怎么看这事儿。

我发了条状态。说实话，我觉得女孩子都爱美，我自己发照片也会修一下再发，不管美丑胖瘦都是人家自己的事儿。爱漂亮没有错，人家也没伤害其他人，一堆人跑去看热闹顺便攻击真的没意思！换作是你的话，你还受得了吗？有时间去多干点正事儿吧。

发完我突然觉得，这个世界真的对女孩子有太多恶意了。

长得丑你让我们出门小心别吓到人，长得美你说我们只是个没用的花瓶。站得低你嘲笑我们无能特别 low，站得高你说不知道是被睡了多少次。身材好你说还不知道找了多久角度才拍成这样，身材差你嘲讽我们就是一个矮胖子。

好像我们本就应该不成功并被别人嘲笑，好像我们成功了就绝对不是依靠自己。

总有一些人，见不得人好，更见不得女孩子好。

我和朋友曾经去酒吧玩，我坐在卡座上点根烟玩手机，偶尔和他们喝杯酒。突然有一个男生过来对我说：我觉得，你这个人特别不尊重自己，身为一个女孩子，你晚上到这种地方来玩，还抽烟喝酒，你有没有想过你以后怎么办？

我当时一脸蒙，后来他逢人就说：她特别开放，真不知道怎么想的。

好，我去酒吧抽烟喝酒就是浪。那你呢，你在这儿干吗？写论文，谈合同，学习牛顿定律还是研究人类起源？

大家都是来寻开心的，凭什么你行，我就不行？

只是因为我是个女孩儿吗？

我很想问这种人：

你们撩妹的时候有没有想过以后怎么办啊？

你们做爱的时候有没有心疼过精子和肾啊？

我有一个姐姐，从小就很优秀，很干练，后来一步步升到经理的位置。刚进公司时同事对她都不错，后来就疏远她，不断有人议论，她到底和领导什么关系。有一次她在咖啡间门口听到两个女同事说："她有什么厉害的，不就是身材好吗？还不知道被多

没有人有权阻止你变成更好的自己。
真正能阻止你的人，是你自己。

少人摸过。"

后来那个姐姐辞职了，自己开了一家公司，甚至比之前的公司做得更大更好。

一起吃饭的时候她对我说："女孩子在成功的路上会听到很多难听的话，但是你千万不要在意。我们永远不能决定别人想什么，但你要足够坚强足够勇敢，用你自己的能力狠狠打他们的脸。"

当你准备化妆时，总会有人说：你长成这样就别浪费化妆品了！

当你准备健身时，总会有人说：你从小就胖认命吧，别再挣扎了！

当你准备学习时，总会有人说：女孩子看脸就行了，还是整容吧！

当你准备整容时，总会有人说：就算整得再好看也不是天生的！

在你变得更好的路上，总会遇到很多傻子。

他们会说很多傻话试图打击你，压垮你。

你千万不要屈服，不要灰心。

没有人有权阻止你变成更好的自己。

真正能阻止你的人，是你自己。

所以，不管听到什么，见到什么，经历什么，

你都不要在乎那些刺耳的声音。

把它们化作激励你蜕变的交响乐。

等你真正脱茧而出的那天，

你会发现，原来那些伤害你的言语，

都会变成，庆祝蜕变成功的交响乐。

麻烦这个世界，对女孩子的恶意少一点。

麻烦这个世界，对女孩子的鼓励多一点。

买化妆品很贵，办健身卡很贵，报补习班很贵。

我们愿意花钱并且去做是因为我们想变得更美更好。

所以麻烦那些恶意的声音滚远一点。

我知道酒吧有坏人，抽烟伤身体，文身受歧视，

但这是我的兴趣并且我自己心里有分寸。

所以麻烦那些攻击的语言滚远一点。

请别再因为喝酒抽烟去夜店对我们投来鄙夷的眼神。

请别再因为身材差有雀斑就对我们投来不屑的眼神。

请别再因为我们是女孩儿就轻易地否定我们的努力。

我们是女孩儿，

但我们在努力变得更好。

所以，希望这个世界，对女孩子的恶意少一点。

因为你丑，
所以别人好看都是整容?

●●

《希望这个世界，对女孩子的恶意少一点》发表后，有很多读者在下面说：其实更多的是来自同性的恶意。

我有一个女性朋友，现在已经不联系了。

她没套过我，没欠我钱，也没抢我男朋友，不联系的原因很简单。

每次我们在一起喝咖啡，她都要打开别人的朋友圈评论一番。

别人发了正脸自拍，她会说：你看这双眼皮割得多明显！

别人发了侧脸自拍，她会说：这鼻子可不止一支玻尿酸！

别人发了新买的包，她会说：哎哟，又找了个钻石王老五！

别人发了度假照片，她会说：这又跟哪个男人跑出国了！

别人发了新工资条，她会说：身材好就是讨老板喜欢呢！

总之，谁都不能过得比她好。

否则，你长得好看就是整容的结果，有钱也不是自己努力所得。

后来我实在受不了，下决心不再和她联系。

这种人其实很可怕，会慢慢腐蚀你的三观。

因为你丑，所以别人好看就是整容的结果。

因为你穷，所以别人的钱不干不净。

因为你 low，所以别人都是在装。

是不是所有人都陪着你穿地摊货吃大馒头世界才能和平？

是不是像你一样整天嫉妒别人就能拥有自己想要的生活？

最近大家都在关注微博网红，我和朋友们也在一起讨论。

当我们都在说：哎呀，papi 酱长得好清爽啊看着好舒服时，有一个朋友出来说：你们看那个 ××× 自拍和真人根本不一样。

然后大家随便讨论了几句，这个朋友又说：真不知道她怎么有那么多粉丝的，是不是潜规则啊，呵呵。

然后我们心照不宣地保持了沉默……

我懒得关注和评论别人，一个人之所以会成功，必然有自己的过人之处。

就算他其实没有那么牛，你也不用在意，放心吧，人家肯定比你牛。起码人家不随便嫉妒别人！

心怀妒忌的人，永远都不会拥有更高的眼界。
心生嫉妒的人，永远都停留在现在的高度上。

别人付出了努力取得成果是理所当然的，
哪怕他没有付出努力也用不着你来说，
人间自有真情在，公道自在人心。
你这样嫉妒别人，会显得自己很 low 的。

有个读者告诉我，她长相一般，身材平平，但是男朋友很帅，对她也很好，学校里其他女生总是针对她，甚至有人还在微博上骂她。她有时都想和男朋友分手。我告诉她，她们只不过是嫉妒你啊。她说那些女孩都长得很好看。我说，她们好看的只是脸，不是心。

人只要有了一颗妒忌的心，再怎么好看都没用的。
英国政治家休谟说过：悲伤和失望引起愤怒，愤怒引起妒忌，妒忌引起恶毒，恶毒又再度引起悲伤，直到完成整个循环。

曾经看过一个帖子。大概就是一个女孩子发现自己的闺密整容了，问闺密但对方没有承认，然后她觉得，就算你整容也是我闺密，只要你向我坦白就好啊。有次一起玩真心话大冒险，她当着众人问闺密是不是整容了。闺密一下子发火了，摔了酒瓶。她说觉得很伤心，最好的朋友竟然这样对自己。

看完这个帖子我想说：
最可怕的不是嫉妒，而是明明嫉妒，却非要装成圣母。

这也就是我们俗称的"圣母婊"。

人家整容关你什么事儿？

就算整容了，不想承认是我的自由，关你什么事儿？

你把我当闺密，就要当着所有人的面问我是不是整容了？

你可以说我肤浅，但我认为这就是嫉妒。

明明嫉妒，却非要装成白莲花。

明明嫉妒，却非要扮演圣母婊。

明明嫉妒，却非要假装成关心。

你觉得我变好看了不爽那你也去啊。

你又说整容有风险你不敢去也没钱。

那不就得了！

我冒着风险，花了钱，忍着疼，去把自己变得好看，

最后还要在你面前检讨内心深处你所谓的阴暗？

以前和朋友聊天的时候我问她：

你知道什么时候的你城府最深吗？

她说，面对男友的前任时。

我说，不对，在嫉妒你的人嘴里你城府最深。

有时候很佩服这种人的脑洞。

今天出门换了口红颜色，就是要去钓凯子。

今天主动写了一次作业，就是要讨好老师。

今天比昨天更努力工作，就是想巴结老板。

我今天放了一个屁，你怎么不报警说我想崩死全人类啊？

乞丐不一定嫉妒百万富翁，

但会妒忌收入更高的乞丐。

心怀妒忌的人，永远都不会拥有更高的眼界。

心生嫉妒的人，永远都停留在现在的高度上。

所以，不要在意那些嫉妒你的人。

要更努力，做更好的自己。

潇洒地走在他们前面，告诉他们：

没错，你永远都追不上我。

因为我穿得性感，
所以我就是荡妇吗

今天刷微博，看到一个话题：短裙女孩被泼不明液体。几个穿着短裙年轻漂亮的女孩都被人泼了不明液体导致灼伤。我看了几条 UC 头条网友对于这条新闻的留言，大概是这样的：

没事，对良家妇女没有影响。也不是所有女的都穿得跟妓女一样，凶手专找妓女的腿。

这么丑的腿还敢穿短裙，你污了我的眼，我要毁了你的腿！

女人穿那么露，不就是为了勾引男人吗？

为什么我觉得泼得好？

干得漂亮，让你们露，勾引男的还说什么性骚扰，该！

现在的女人不自重，衣服穿得越来越露。

我发誓，要不是我妈每天都看我推送，我能用脏话写完一篇推送。

还有，我要先说明一点，我不抨击男人，大部分男士是非常绅士的，只有小部分才会有这种想法。当然，有这种想法的，也不只是男人。

曾经有一位读者向我倾诉过她的烦恼。她有时打扮性感一点，和朋友出去玩，并没有做什么不可告人的事情，但总有人对她指指点点，暗地里骂她。她找她的朋友诉苦，结果她的朋友一脸嘲讽地说："有脸穿成这样出门，没脸让人说？"

其实，她只是穿了高跟鞋和一条领子稍稍有点低的连衣裙。

会有人说，如果你自重一点，别打扮得这么风骚，别人会说你吗？

会有人说，是你先不要脸。

所以，因为我穿得性感，我就一定是荡妇吗？

为什么要打扮性感？

我觉得问这种问题真的很傻。爱美是女孩的天性，至于为什么性感，只是个人风格问题。有的女孩打扮帅气，有的甜美，有的清纯，有的性感，这只是个人的喜好。拿我自己举例子，我买过很多衣服，尝试过很多风格，但我最后发现，性感是最适合我的风格。我也喜欢穿森女系小清新的衣服，但很像村口的翠花。我不想吓到路人，并且想让我自己看起来赏心悦目一点。所以按照最适合自己并且最好看的风格打扮,你就能说我是妓女吗?

以貌取人,是一个人轻浮、不尊重他人的表现。

因为他穿着昂贵的衣服,所以他一定是一个不知上进的富二代。

因为她戴着高端的珠宝,所以她一定是一个不知被甩过几次的外围女。

因为他穿着朴素的服装,所以他一定是一个吃不起牛排的屌丝青年。

因为她打扮得性感妖娆,所以她一定是一个不知礼义廉耻的荡妇。

那你呢?评论别人头头是道,你自己呢?还不是一个只会在言语上攻击别人获取存在感虚荣心的屌丝?

我有一群在酒吧认识的朋友,他们中有 CEO,有博士,有老师。我们在一起喝酒玩色子跟着音乐摇头,玩累了就回家睡觉,第二天又回到各自的角色中。大家都是为了在平时紧张的工作中放松,谁也不会做出格的事情。所以我们这些人,女的就是妓女,男的就是嫖客吗?那是不是我拿着菜刀就是去砍人,你就要报警抓我了?

有的人自以为是地认为,去酒吧一定会约炮,玩陌陌一定会约炮,和异性聊天一定会约炮。兄弟,你思想这么肮脏,为什么不去写色情小说?总比你每天酸不溜秋地诋毁攻击别人好。

不要只用眼睛了解一个人，就算你只会用眼睛了解，也麻烦你管好你的嘴。

让我印象最深的一条留言是：女人穿得露，不就是为了勾引男人吗？

我觉得，留言的人一定没看过爱情动作片。明明有很多女演员穿得萌萌的很可爱，你看了不照样裆下一紧。谁说打扮性感就是为了勾引男人啊？你也把你自己太当回事儿了吧。我特别想说，一个女人打扮成什么样，是因为她喜欢，说白了，就是老娘愿意。

大多数男人，他们或许不算成功，但他们绝不会用下流猥琐的思想去玷污女孩。真正的男人对待性感美丽的女人，只是被吸引，静静地欣赏。只有思想肮脏的男人才会以亵渎的心态去看待身边的异性。

我有一个朋友很喜欢 Cosplay，有一次陪她去参加一个展会，她穿的是女仆装，至于是哪个漫画角色我就不知道了。我站在旁边帮她拍照，看到一个又矮又矬的男人拍了她好多照片，本来以为他也很喜欢这个角色，结果没想到他临走前不屑地说了句：骚货。

后来又来了一男的，也拍了很多照片，我正在思考他会不会也像上一个男人一样。结果他突然对我说，这是你朋友吗，她扮这个很像，很厉害。言语间是由衷的肯定，没有丝毫猥琐的语气。

很多时候，我们宁愿拒绝一个长得帅的，
也不愿错过一个懂得尊重女孩的真正的绅士。

　　所以，一个男人能不能得到女生的肯定，真的不只看金钱和能力还有颜值。我们最看重的是，你是否真正懂得尊重女性。很多时候，我们宁愿拒绝一个长得帅的，也不愿错过一个懂得尊重女孩的真正的绅士。

　　至于开头提到的那些留言，留言的人只不过是现实世界的失败者。

　　冬天穿羽绒服，夏天穿短裙短裤，这对于一个女孩子来说，是再正常不过的事情。

　　每个人都有不得已的苦衷，有母亲为了给孩子补充营养去偷鸡腿，也有女孩为了养活父母去从事性工作。所以这些人就活该遭受攻击吗？就算真的是妓女，自然会有警察去管，有法律惩治。能说出这些话的人，大概同情心都泯灭了。

　　不要以世俗的眼光去看待别人。不管别人的衣着打扮和言谈举止如何，都不要对一个人妄下结论。因为你所看到的，未必是对方的全部。与人相处，应该带着一颗善良的心，而不是以恶为先。

　　所以，即使我穿得性感，内心依旧善良。自以为是地去恶意评价他人的人，才是最不善良的存在。

对不起，
我是有脾气的，不是放马的

●●

突然想起疯传朋友圈的段子：

你做错事，我可以放你一马。

你欺骗我，我也可以放你一马。

你伤我心，我还是可以放你一马。

但你要记住：我是有脾气的，不是放马的。

西西昨天给我打电话借钱，我说可以啊，给你转过去。然后她说，她舍友找她借钱，第一次借了五百元，装作忘了没还；第二次借了一千元，说手头紧晚点再还；结果第三次还是找她借钱。她对我说：你说现在的人怎么这么不要脸？

我说，因为你每次都给她脸，所以她有资本不要脸啊！

别再纳闷有的人怎么这么不要脸了，因为你一次次给她脸，所以她完全可以不要脸。

你说你是有脾气的，不是放马的。

可到最后你才发现，你不是放马的，你是养狗的。

有的事，忍一次就够了。

有的脸，给一次就够了。

她一而再再而三地套你，你就别忍着了。

忍到最后，便宜了别人，憋坏了自己，何必呢？

除非你境界很高，道德感很强，别人伤害你，你丝毫不受影响。

反正我不是圣母，我没这么高的境界，我会生气，会委屈，会反击。

不管是爱情还是友情，都是需要脾气的。

有读者问：

我发现男朋友和其他女生聊天聊得很暧昧，每次问他他都回避，说只是朋友。最近发现那个女生还给他发性感照片，我该不该分手？

我没想到我的读者里有这么好脾气的人。

我对她说：我不知道你该不该分手，但我知道你该和他严肃地谈谈了。他到底把你当成什么？到底有没有在乎过你的感受？到底把你放在哪里？

就连小学生都会说：你的辣条是我买的，你的酸奶是我买的，你现在说分手，到底把我当成什么？

你活了这么多年，怎么还不如小学生明白道理呢？

我问她：你说怎么才算是谈恋爱？

她说：就是确立了男女朋友关系啊。

我继续问：那为什么要确立男女朋友关系啊？

她回答不上来。

确立男女朋友关系就像你有一个菜园，你在边上插个牌子，上面写着：**这个菜园子是老子的，谁都不能偷我的菜！**

说白了，就是宣告主权。这个人是我的，他是我的男朋友。

所以那些露胸露大腿春心荡漾的小姑娘都离他远点！

你的菜园子都快让人家偷干净了，你还有空来问我要不要生气呢？

她对你男友嘘寒问暖，你在旁边视而不见。

她对你男友献尽殷勤，你在旁边坐而不管。

虽然说，是你的就是你的，不是你的别强求。

但其实也有很多东西是你争取来的，

你也应该尽全力保护自己拥有的。

每个人心底都有一只沉睡的野兽，

你不要随便叫醒它，但也不要让它永远沉睡，

总有一天你会发现，它其实一直小心翼翼地在保护你。

每个人心底都有一只沉睡的野兽，
总有一天你会发现，它其实一直小心翼翼地在保护你。

我也曾经为了融入某个圈子，收起自己的脾气。

就算有人拐弯抹角地嘲讽，我也装傻当没听见。

后来我放弃了这种相处方式。

现在最不缺的就是朋友，最缺的也是朋友。

我们都是这样，别人对自己好，自己就加倍还回去。

别人对自己不好，也不会委曲求全。

总听年龄大的人说：我们这代人，棱角太分明，不懂圆滑。

其实不是我们不懂圆滑，而是人心太复杂。

曾经你对一个人掏心掏肺，但后来呢？

曾经你对一个人无话不说，但后来呢？

曾经你把每个人都当朋友，但后来呢？

后来我真的不再需要圆滑了，我需要保护自己的方法。

朋友不在于多，两三个能交心足矣。

恋人不在于富，对自己好就够了。

没有谁离开谁不能活，

有你很好，没你也没关系。

如果你发现我对你和以前不一样了，

多想想你是怎么对我的。

毕竟，我是有脾气的，不是放马的！

你说得都对，我就是不听

●●

前天有个读者来找我，说她报名了一个选秀节目，海选过了，第二次选拔也过了，现在有机会去参加节目录制。我说那很好啊，红了别忘记我。可她说，她好几个朋友都不赞成她去，不知道是因为嫉妒还是什么。她们说，你就别犯傻了，这种节目都是有黑幕的，你家有那么多钱吗？再说了，你是长得不难看，可比你好看的多了去了。你说你去参加，淘汰了丢人，晋级了还不知道多少人以为你被潜规则了。

她问我，如果是你，你会怎么选择？

我说，我只坚信两句话：虚心接受，坚决不改。你说得都对，我就是不听。

我写了六七十篇文章，其实每一篇文章都招来很难听的骂声。起初我很怕别人不喜欢我，恨不得抓着对方衣领解释三天三夜。但慢慢地我发现，不懂你的人，你磨破嘴皮他也不会懂。不喜欢就不喜欢呗，人和人不一定都要成为朋友或者知己。无论你是否优秀，你都无法得到所有人的认可和支持。一直为这些人纠结，很费脑子的。

我有时和读者们聊天，其中有学生，有微商，有上班族，也有已经做了父母的。每个人的故事都是独一无二的，三观也并不相同。但他们几乎都遭遇了开头那位读者的情况。不管他们要做什么，总有人一边装一边在旁边说风凉话，总有人提出毫无逻辑的反对意见。

人的三观都是不一样的，你不认可别人的三观，并不代表你的三观就是正确的。三观这东西不是真理，你觉得这样对，他觉得那样对，永远都不可能分出对错。我觉得不违反法律和最基本的三观，都是正确的。

虚心接受，坚决不改。

你说得都对，我就是不听。

熟练运用这两句话，会让你的人生减少很多烦恼。

有人会说，你说这两句话，是不是太装了？

是。说实话，我说出这两句话的时候都心虚。

可那又怎么样呢，谁说装一定是贬义的？有人会觉得我们这群

年轻人没见过世面，不知死活，狂妄自大。有人会觉得我们这群傻
×整天就知道活在自己的世界里自嗨，不过是一群井底之蛙。可
是，我特别想告诉他，你觉得别人都是傻子，是因为你从没见过他
努力的样子。我们之所以敢挺直腰板说出这两句话，是因为我们比
其他人更努力，我们在做决定时比其他人考虑得更多。

　　我高中的时候，去我妈工作的医院找她，她的一个同事看到我
有文身，就问我妈我是不是不上学了，我妈没说话。高考出成绩那
天，我去各个大学的招生会溜达了一圈，正好碰到那个同事，他问
我：哎，你怎么在这儿啊，你现在在哪儿上班呢？我一脸蒙地说：
叔叔，我刚高考完。他又说：哦，原来你还上学啊，我儿子考了
三百八十分，你考了多少分啊？我笑着说：叔叔，我差两分六百。
然后直接走掉了。

　　我真的不懂，为什么会有那么多人仅凭第一印象就自以为是地
给对方的人生下定论？
　　因为他有文身，所以他就是混社会的小青年，这辈子都不会有
出息。
　　因为她会抽烟，所以她一定就是个失足少女，这辈子都不会嫁
好人。

　　我们身边都有这样的人，他们打击你的自信心，试图说服你让

你相信你这辈子就是个不折不扣的 loser。你总会遇到很多莫名的恶意和揣测。刚开始你可能会怀疑自己哪儿做错了，试图向对方解释清楚。可你发现无论怎么解释，他们都不会在乎，因为他们在乎的根本不是真相，他们只不过觉得打击你挺好玩的。对于这种人，不要恨他们，因为他们送给你一份很好的礼物，那就是，从当初的假装不在意，到后来真的不在意。

下次再遇到这种人，真的不要多费口舌了，如果他们一定要你的回应，你只需要大方点告诉他们，你说得都对，我就是不听。

这不代表你拒绝听取别人的建议，也不代表你骄傲自满。我们只是，不想把时间浪费在傻子身上啊。

我最近特别喜欢玩微博，发现微博键盘侠特别多。可能你不知道哪儿做错了，就引来一堆骂声；你回骂一句，他就更来劲儿。就像上次我的微博被 ××× 点赞，好多人说我三观不正。我特别想把骂我的人提溜到面前和他打一架，可没用啊。生活中我们一定会被别人骂，被别人攻击，被别人撕。不管你是骂回去还是勇敢地和他撕，都是在浪费自己的时间，还显得自己不大度。所以下次遇到这种情况，就告诉他：你说的，我虚心接受，坚决不改。

我特别喜欢仲尼说过的一句话：生活中遇到傻 × 怎么办？支持他的一切观点，把他培养成大傻 ×。

所以，你说得都对，我就是不听。

如果我让你不爽了，
别多想，我是故意的

●●

　　昨天有个读者问我："我一直脾气很好，所以总有人利用我欺负我，但我每次想还击的时候又狠不下心……"

　　"你为什么狠不下心啊？"

　　"我不管做什么事都考虑到对方的感受，我觉得如果我拒绝，她们会不高兴的……"

　　我不是说每个人都要变成"战争贩"，但如果有人触碰到你的底线和原则，麻烦你勇敢一点行吗？

　　总为别人着想，那他们为你着想过吗？

　　说真的，我不觉得这个社会最需要的是菩萨心肠的人。

　　如果每个人都能勇敢地保护自己的权利，坚持自己的原则，给那些试图伤害你的人以还击，他们也就不敢再去伤害别人。

　　忍气吞声并不能解决问题，只会让他们越来越猖狂。

有时候，退让并不是一种善良，而是懦弱。

我有个朋友，别人都叫她绵绵。因为她就像一只小绵羊，特别温和，脾气好。每次我脾气发作要打人的时候，她都拉住我。我一看到她水汪汪的眼睛，就突然觉得世界很美好，怒气全消。

前几天绵绵半夜三点给我打电话，我接起来一听她哭了。赶紧问她怎么了，她说没事儿，就是心里挺委屈的，想听听我的声音。后来我百般逼迫她才说明白了到底什么事儿。

原来学生会的学姐平时总让绵绵干别人不愿干的累活，她觉得都是工作，每次都屁颠儿屁颠儿去。学姐们看她好打发，就在心里把她设定为擦屁股不求回报的第一人选。她的工作最多最累，但每次评奖都没有她。这都不是最主要的。最主要的是前几天有个学姐犯了一个很严重的错误，结果栽赃给绵绵，校领导告诉她叫家长来学校，她不知道怎么办才好。

我问她有没有告诉老师真相，她说她不敢。那个学姐刚被选为交换生，怕耽误她的前途。

……

我很纳闷，我到底是怎么认识绵绵的。

刚认识一个朋友时，我总会十分热情，
对方提出的请求都尽量答应。
后来我发现，她总会提出各种各样的请求：
你能把你新买的口红借我用几天吗？

我今天肚子痛，能让你男朋友送我去医院吗？

我昨天刚买了一个包，没钱了，能借我点钱吃饭吗？

我心里虽然不情愿，但还是会说：

我送给你好了。

啊，可以，我让他去接你。

嗯，行吧，你支付宝账号是什么。

后来我发现，这种人就像是你身上的寄生虫，除非你死了，不然就赖在你身上不走。

有次她又问我：能让你男朋友开车来×××接我吗？外面下雨了。

我说：宝宝，你可以现在去大街上随便找一个男朋友啊！

我这个人向来很为别人着想，也考虑别人的感受。

所以，如果我哪句话哪件事让你不爽了，别多想，我是故意的。

人一定要善良，但我拒绝愚蠢的善良。

我不能眼睁睁看着别人套我，我还装傻。

我不能眼睁睁看着别人利用我，我还忍着。

我不能眼睁睁看着别人伤害我，我还递刀。

人和人之间的相处，原本就是：

有时候，退让并不是一种善良，而是懦弱。

帮你是情分，不帮你是本分，没什么好说的。

把你当朋友所以愿意帮你，不帮你不代表不把你当朋友。

有时候你觉得对别人来说是举手之劳，却不知道别人帮你会有
多大的麻烦。

别因为我拒绝你一次就觉得我这个人冷漠。

我之前对你的好帮你的忙都是喂了狗吗？

人面对亲情最无私，面对爱情最愚蠢，面对友情最自私。

我明明很自私，但最初我还是愿意帮你，愿意对你好。

后来我不愿意了，你说我变了。

对啊，那你怎么不想想我为什么变了？

不好意思，我是善良，但我想把善良用在值得的人身上。

每个人都有两面，我愿意把善良的那面展露给你看，

是因为我相信你，而不是我只有善良的一面。

对你说话客气，是因为我想和你做朋友。

答应你的请求，是因为我把你当作朋友。

把你当朋友和甘愿受你欺负，是不能画等号的。

如果你发现我有天惹你不爽了，别多想，我就是故意的。

千万别用你的套路，唤醒另一个人内心的野兽。

愿你有深夜的酒，也有清晨的粥。

谢谢你找到我，谢谢你留下来。

内文插画师和摄影师：

Jarek Puczel   Christina Nguyen   SaMo   kokooma   Lisk Feng

Artem Chebokha   choi mi kyung   Kathrin Honesta   DearDing

Manjit Thapp   私语 Sylvia   Dorian Vallejo   Antoine Cordet

Karolis Strautniekas   井 axy   韩一杰   邵丹   一色馨蓝（排序不分先后）

图书在版编目（CIP）数据

世界需要更好的你 / 我走路带风著 .
-- 北京 : 北京联合出版公司 , 2016.10（2017.1 重印）
ISBN 978-7-5502-8910-9

Ⅰ . ①世… Ⅱ . ①我… Ⅲ . ①人生哲学—通俗读物
Ⅳ . ① B821-49

中国版本图书馆 CIP 数据核字 (2016) 第 250139 号

世界需要更好的你

项目策划 紫图图书 ZITO®
监　　制 黄利　万夏
丛书主编 郎世溟

作　　者 我走路带风
责任编辑 徐　樟　夏应鹏
特约编辑 申蕾蕾　李　圆
装帧设计 紫图图书 ZITO®

北京联合出版公司出版
（北京市西城区德外大街 83 号楼 9 层　100088）
北京艺堂印刷有限公司印刷　新华书店经销
150 千字　880 毫米 ×1280 毫米　1/32　8.25 印张
2016 年 10 月第 1 版　2017 年 1 月第 2 次印刷
ISBN 978-7-5502-8910-9
定价：42.00 元